序号_____

数字电路与逻辑设计练习册

（第二版）

主　编　魏　斌　魏青梅
副主编　赵红言　李丹阳
参　编　张建强　王加祥　马静囡　赵颖娟

班级_____　　学号_____　　姓名_____

西安电子科技大学出版社
http：//www.xduph.com

内 容 简 介

本书是配合王毓银教授主编、高等教育出版社 2018 年 2 月出版的《数字电路逻辑设计（第三版）》而编写的辅导书。全书分为两部分：第一部分包括数制和码制、逻辑函数及其化简、集成逻辑门、组合逻辑电路、集成触发器、时序逻辑电路、半导体存储器、可编程逻辑器件、脉冲单元电路、模数转换和数模转换等 10 章，各章习题前还给出了本章学习要点、重点及难点；第二部分收录了四套模拟测试题，以供读者练习实测。书后附有各章习题及模拟测试题的参考答案，对重点及难点题（带★号）还配有视频解答，以二维码形式呈现，便于读者自学。

本书既可作为高等学校本科电类各专业数字电路逻辑设计课程的辅助教材、教师的教学参考书，也可供有关工程技术人员自学和参考。

图书在版编目（CIP）数据

数字电路与逻辑设计练习册 / 魏斌，魏青梅主编. --2 版. --西安：西安电子科技大学出版社，2024.1
ISBN 978 - 7 - 5606 - 7172 - 7

Ⅰ. ①数… Ⅱ. ①魏… ②魏… Ⅲ. ①数字电路—逻辑设计—高等学校—习题集
Ⅳ. ①TN79 - 44

中国国家版本馆 CIP 数据核字（2024）第 009055 号

策　　划　戚文艳
责任编辑　秦志峰
出版发行　西安电子科技大学出版社（西安市太白南路 2 号）
电　　话　(029)88202421　88201467　　邮　编　710071
网　　址　www.xduph.com　　　　电子邮箱　xdupfxb001@163.com
经　　销　新华书店
印刷单位　咸阳华盛印务有限责任公司
版　　次　2024 年 1 月第 2 版　2024 年 1 月第 1 次印刷
开　　本　787 毫米×1092 毫米　1/16　印张 13.5
字　　数　319 千字
定　　价　36.00 元
ISBN 978 - 7 - 5606 - 7172 - 7/TN

XDUP 7474002 - 1

前　言

　　"数字电路逻辑设计"是高等学校电类专业较重要的基础课之一。电子技术的发展日新月异，已成为各个科学领域必不可少的关键技术之一，特别是数字电子技术已成为现代电子系统与电子设备的理论基础。为了帮助读者更好地学习这门课程，加深对基本概念的理解，加强对基本解题方法与技巧的掌握，进而提高学习能力和应试水平，我们编写了本书。本书突出"好教""易用"的特色，从读者的需求出发，结合教学要求，完全按照教学大纲编写，章节的划分与王毓银教授主编、高等教育出版社 2018 年 2 月出版发行的《数字电路逻辑设计（第三版）》一致。

　　为了便于读者总结知识点并检验自己的学习效果，各章习题前给出了本章学习要点、重点及难点，并在全书最后附有各章习题及模拟测试题的参考答案，重点及难点题（带★号）都配有视频解答，以二维码形式呈现给读者，读者可根据课程的教学计划或自学进度进行自主练习。本书内容编排新颖、难易适中，既能帮助学生进行全面的练习，又能帮助学生强化复习、巩固知识点，提高分析问题和解决问题的能力。另外，书中还特别设计了四套模拟测试题，进一步帮助学生进行综合练习，掌握考试题型，更好地应对考试。

　　数字电路是用来完成对数字信号的逻辑分析与运算的电路，从而实现现实中各种各样的逻辑命题。因此在本书的编写过程中，笔者希望能通过各个方面的努力，潜移默化地让读者感受到逻辑之美妙，既能学习专业知识，又能或多或少地培养一些逻辑思维能力。

　　由于时间仓促、水平有限，书中难免有疏漏之处，敬请各位同行和读者给予批评、指正。

编　者

2023 年 10 月

重点、难点题详解

目　录

第一章　数制和码制

学习要点

(1) 不同数制之间的相互转换。

(2) 常用编码。

(3) 二进制算术运算。

重点及难点

重点：不同数制之间的相互转换。

难点：各种常用编码的特点。

一、选择题(不定项选择)

1. 以下代码中为无权码的是(　　)。

A. 8421BCD 码　　　　B. 5421BCD 码　　　　C. 余三码　　　　D. 移存码

2. 以下代码中为恒权码的是(　　)。

A. 8421BCD 码　　　　B. 5421BCD 码　　　　C. 余三码　　　　D. 移存码

3. 一位十六进制数可以用_____位二进制数来表示。

A. 1　　　　　　　　B. 2　　　　　　　　C. 4　　　　　　　　D. 16

4. 十进制数 25 用 8421BCD 码可表示为(　　)。

A. 10101　　　　　　B. 00100101　　　　C. 100101　　　　D. 11001

5. 将 $(1001)_{8421BCD}$ 转换为余三码为(　　)。

A. $(0101)_{余三码}$　　　B. $(1000)_{余三码}$　　　C. $(1100)_{余三码}$　　　D. $(1011)_{余三码}$

6. 与十进制数 $(53.5)_{10}$ 等值的数或代码为(　　)。

A. $(0101\ 0011.0101)_{8421BCD}$　　　　　　　　　B. $(35.8)_{16}$

C. $(110101.1)_2$　　　　　　　　　　　　　　　D. $(65.4)_8$

7. 把十进制小数 0.39 转换成二进制小数为(　　)。(要求误差不大于 0.1%。)

A. $(0.0110001)_2$　　　　　　　　　　　　　　　B. $(0.100011)_2$

C. $(0.1011110)_2$　　　　　　　　　　　　　　　D. $(0.0110001111)_2$

8. 与八进制数 $(47.3)_8$ 等值的数为(　　)。

A. $(100111.011)_2$　　B. $(27.6)_{16}$　　　C. $(27.3)_{16}$　　　D. $(100111.11)_2$

9. 常用的 BCD 码有(　　)。

A. 单位间距码　　　　B. 移存码　　　　C. 8421 码　　　　D. 余三码

10. 与模拟电路相比，数字电路主要的优点有(　　)。

A. 易集成　　　　　　B. 通用性强　　　　C. 保密性好　　　　D. 抗干扰能力强

11. 在二进制技术系统中，每个变量的取值为(　　)。

A. 0 和 1　　　　　　B. 0～7　　　　　　C. 0～10　　　　　D. 0～F

12. 二进制数的权值为(　　　)。

A. 10 的幂　　　　　　B. 2 的幂　　　　　C. 8 的幂　　　　　D. 16 的幂

13. 连续变化的量称为(　　　)。

A. 数字量　　　　　　B. 模拟量　　　　　C. 二进制量　　　　D. 十六进制量

14. 在下列数中，不是余三 BCD 码的是(　　　)。

A. 1011　　　　　　　B. 0111　　　　　　C. 0010　　　　　D. 1001

15. 十进制数的权值为(　　　)。

A. 2 的幂　　　　　　B. 8 的幂　　　　　C. 16 的幂　　　　D. 10 的幂

16. 负二进制数的补码等于(　　　)。

A. 原码　　　　　　　B. 反码　　　　　　C. 原码加 1　　　　D. 反码加 1

17. 算术运算的基础是(　　　)。

A. 加法运算　　　　　B. 减法运算　　　　C. 乘法运算　　　　D. 除法运算

18. 二进制数 −1011 的补码是(　　　)。

A. 00100　　　　　　B. 00101　　　　　C. 10100　　　　　D. 10101

19. 二进制数最高有效位(MSB)的含义是(　　　)。

A. 最大权值　　　　　B. 最小权值　　　　C. 主要有效位　　　D. 中间权值

20. $(1000100101110101)_{8421BCD}$ 对应的十进制数为(　　　)。

A. 8561　　　　　　　B. 8975　　　　　　C. 7AD3　　　　　D. 7971

21. 两个 8421BCD 码相加时，需进行加 6 修正的是(　　　)。

A. 相加结果为 1001　　　　　　　　　　　B. 相加结果为 1011

C. 相加结果为 1000　　　　　　　　　　　D. 相加结果为 0110

22. 表示一个最大的 3 位十进制数，所需二进制数的位数至少是(　　　)。

A. 6　　　　　　　　　B. 8　　　　　　　　C. 10　　　　　　D. 12

23. n 位数码全为 1 的二进制数对应的十进制数为(　　　)。

A. n　　　　　　　　B. $2n$　　　　　　　C. 2^n-1　　　　D. 2^n

24. 十六进制数 A6E 所对应的二进制数是(　　　)。

A. 100001110　　　　B. 011011111101　　C. 101001101110　D. 10614

25. 十六进制数 2F 所对应的十进制数为(　　　)。

A. 00101111　　　　B. 47　　　　　　　C. 64　　　　　　D. 215

二、判断题(正确的打"√"，错误的打"×")

1. 二进制数的 1 和 0 代表一个事物的两种不同逻辑状态。(　　　)

2. $(1001)_{8421BCD}$ 比 $(0001)_2$ 大。(　　　)

3. 数字电路中用"1"和"0"分别表示两种状态，二者无大小之分。(　　　)

4. 移存码具有任何相邻码只有一位码元不同的特性。(　　　)

5. 八进制数 $(18)_8$ 比十进制数 $(18)_{10}$ 小。(　　　)

6. 8421BCD 码属于有权码。(　　　)

7. 在时间和幅度上都离散变化的信号是数字信号，语音信号不是数字信号。(　　　)

8. 用 8421BCD 码来表示十进制数 765 为 $(011101100011)_{8421BCD}$。(　　　)

9. 十进制数 $(9)_{10}$ 比十六进制数 $(9)_{16}$ 小。（　　）

10. $(0101)_{8421BCD}$ 和 $(1000)_{余三码}$ 是相等的。（　　）

11. 二进制数有 0～9 十个数码，进位关系为逢十进一。（　　）

12. 格雷码为无权码，8421BCD 码为有权码。（　　）

13. 一个 n 位的二进制数，最高位的权值是 2^{n-1}。（　　）

14. 十进制数整数转换为二进制数的方法是采用"除 2 取余法"。（　　）

15. 二进制数转换为十进制数的方法是各位加权系数之和。（　　）

16. 对于二进制数负数，补码和反码相同。（　　）

17. 有时也将模拟电路称为逻辑电路。（　　）

18. 对于二进制数正数，原码、反码和补码都相同。（　　）

19. 十进制数 45 的 8421BCD 码 101101。（　　）

20. 余三 BCD 码是用 3 位二进制数表示 1 位十进制数。（　　）

三、填空题

1. 数字信号的特点是在_____上和_____上都是断续变化的，其高电平和低电平常用_____和_____来表示。

2. 分析数字电路的主要工具是_____，数字电路又称作_____。

3. 在数字电路中，常用的计数制除十进制外，还有_____、_____和_____。

4. $(10110010.1011)_2 = (\underline{\hspace{2cm}})_8 = (\underline{\hspace{2cm}})_{16}$。

5. $(35.4)_8 = (\underline{\hspace{1.5cm}})_2 = (\underline{\hspace{1.5cm}})_{10} = (\underline{\hspace{1.5cm}})_{16} = (\underline{\hspace{1.5cm}})_{8421BCD}$。

6. $(39.75)_{10} = (\underline{\hspace{1.5cm}})_2 = (\underline{\hspace{1.5cm}})_8 = (\underline{\hspace{1.5cm}})_{16}$。

7. $(5E.C)_{16} = (\underline{\hspace{1.5cm}})_2 = (\underline{\hspace{1.5cm}})_8 = (\underline{\hspace{1.5cm}})_{10} = (\underline{\hspace{1.5cm}})_{8421BCD}$。

8. $(01111000)_{8421BCD} = (\underline{\hspace{1.5cm}})_2 = (\underline{\hspace{1.5cm}})_8 = (\underline{\hspace{1.5cm}})_{10} = (\underline{\hspace{1.5cm}})_{16}$。

9. 二进制数是以_____为基数的计数体制，十六进制数是以_____为基数的计数体制。

10. 二进制数只有_____和_____两个数码，加法运算的进位规则为_____。

11. 十进制数转换为二进制数的方法是：整数部分用_____法，小数部分用_____法。

12. 二进制数转换为十进制数的方法是_____。

13. 用 8421BCD 码表示十进制时，四位二进制代码权值从高位到低位依次为_____。

14. 负数补码和反码的关系式是_____。

15. 二进制数 +1100101 的原码为_____，反码为_____，补码为_____。-1100101 的原码为_____，反码为_____，补码为_____。

16. 负数 -35 的二进制数是_____，反码是_____，补码是_____。

17. 二进制数$(1010.11)_2$对应的十六进制数是_____。

18. $(362)_{10}$对应的 8421BCD 码是_____。

19. 余三码 10000111 对应的 8421BCD 码为_____。

四、数制转换

1. 将下列十进制数转换为二进制数和十六进制数。

(1) $(43)_{10}=($ 　　$)_2=($ 　　$)_{16}$　　　　(2) $(127)_{10}=($ 　　$)_2=($ 　　$)_{16}$

(3) $(254.25)_{10}=($ 　　$)_2=($ 　　$)_{16}$　　(4) $(2.718)_{10}=($ 　　$)_2=($ 　　$)_{16}$

2. 将下列二进制数转换为十六进制数。

(1) $(101001)_B=($ 　　$)_H$　　　　　　(2) $(11.01101)_B=($ 　　$)_H$

(3) $(1111001)_B=($ 　　$)_H$　　　　　(4) $(101.110011)_B=($ 　　$)_H$

3. 将下列十进制数转换为十六进制数。

(1) $(500)_D=$　$($ 　　$)_H$　　　　　　(2) $(59)_D=($ 　　$)_H$

(3) $(0.34)_D=($ 　　$)_H$　　　　　　(4) $(1002.45)_D=($ 　　$)_H$

4. 将下列十进制数转换为二进制数和八进制数,要求精度达到 0.1%。

(1) $(25.7)_{10}=($ 　　$)_2=($ 　　$)_8$　　(2) $(188.875)_{10}=($ 　　$)_2=($ 　　$)_8$

(3) $(107.39)_{10}=($ 　　$)_2=($ 　　$)_8$　(4) $(174.06)_{10}=($ 　　$)_2=($ 　　$)_8$

5. 将下列十进制数转换为 8421BCD 码。

(1) $(43)_{10}=($ 　　$)_{8421BCD}$　　　　(2) $(127)_{10}=($ 　　$)_{8421BCD}$

(3) $(254.25)_{10}=($ 　　$)_{8421BCD}$　　(4) $(2.718)_{10}=($ 　　$)_{8421BCD}$

6. 将下列 4 个不同数制的数按从大到小的次序排列。

(1) $(376.125)_{10}$;(2) $(576.1)_8$;(3) $(110000000)_2$;(4) $(17A.2)_{16}$。

7. 将下列 4 个不同数制的数按从大到小的次序排列。

(1) $(76.125)_D$；(2) $(10110)_B$；(3) $(27A)_H$；(4) $(56)_O$。

★8. 将十进制小数 0.39 转换成二进制小数。

(1) 要求误差不大于 2^{-7}；

(2) 要求误差不大于 0.1%。

9. 将十进制数 87.62 转换成二进制数。要求转换误差 $\varepsilon < 2^{-4}$。

★10. 将下列有符号的十进制数转换成相应的二进制数真值、原码、反码和补码。

(1) $(+115)_{10}$ = (　　　　　)二进制数真值 = (　　　　　)原码

　　　　　　 = (　　　　　)反码　　 = (　　　　　)补码

(2) $(-38)_{10}$ = (　　　　　)二进制数真值 = (　　　　　)原码

　　　　　　 = (　　　　　)反码　　 = (　　　　　)补码

第二章　逻辑函数及其化简

学习要点

(1) 基本的逻辑运算。

(2) 逻辑代数的基本公式及定理。

(3) 逻辑函数的表示方法及各种表示方法之间的转换。

(4) 逻辑函数的化简。

重点及难点

重点：逻辑函数的化简。

难点：具有无关项逻辑函数的化简。

一、选择题(不定项选择)

1. 以下表达式中符合逻辑运算法则的是( )。

A. $C \cdot C = C^2$　　　　B. $1+1=10$　　　　C. $0<1$　　　　D. $A+1=1$

2. 逻辑变量的取值 1 和 0 可以表示为( )。

A. 开关的闭合、断开　B. 电位的高、低　　　C. 真与假　　　D. 电流的有、无

3. 当逻辑函数有 n 个变量时，共有( )个变量取值组合。

A. n　　　　　　B. $2n$　　　　　　C. n^2　　　　　D. 2^n

4. 在逻辑函数的表示方法中，具有唯一性的是( )。

A. 真值表　　　　B. 表达式　　　　C. 逻辑图　　　　D. 卡诺图

5. $F = A\overline{B} + BD + CDE + \overline{A}D = ($)。

A. $A\overline{B} + D$　　　　　　　　　　　　　　B. $(A+\overline{B})D$

C. $(A+D)(\overline{B}+D)$　　　　　　　　　　　D. $(A+D)(B+\overline{D})$

6. 逻辑函数 $F = A \oplus (A \oplus B) = ($)。

A. B　　　　　　B. A　　　　　　C. $A \oplus B$　　　　D. $\overline{A \oplus B}$

7. 求一个逻辑函数 F 的对偶式，可将 F 中的( )。

A. "·"换成"+"，"+"换成"·"

B. 原变量换成反变量，反变量换成原变量

C. 变量不变

D. 常数中的"0"换成"1"，"1"换成"0"

E. 常数不变

8. $A + BC = ($)。

A. $A+B$　　　　B. $A+C$　　　　C. $(A+B)(A+C)$　　　　D. $B+C$

9. 在何种输入情况下，"与非"运算的结果是逻辑 0( )。

A. 全部输入是 0
B. 任一输入是 0

C. 仅一输入是 0
D. 全部输入是 1

10. 在何种输入情况下,"或非"运算的结果是逻辑 0(　　　)。

A. 全部输入是 0
B. 全部输入是 1

C. 任一输入为 0,其他输入为 1
D. 任一输入为 1

11. 标准与或表达式是(　　　)。

A. 与项相或的表达式
B. 最小项相或的表达式

C. 最大项相与的表达式
D. 或项相与的表达式

12. 标准或与表达式是(　　　)。

A. 与项相或的表达式
B. 最小项相或的表达式

C. 最大项相与的表达式
D. 或项相与的表达式

13. 若要使输入为 A、B 的两输入或非门输出高电平,则要求输入为(　　　)。

A. $A=1$,$B=0$
B. $A=0$,$B=1$

C. $A=0$,$B=0$
D. $A=1$,$B=1$

14. 实现逻辑函数 $Y=\overline{\overline{AB}\cdot\overline{CD}}$,需用(　　　)。

A. 两个与非门
B. 三个与非门

C. 两个或非门
D. 三个或非门

15. 对偶规则的意义在于(　　　)。

A. 若两个表达式相等,则它们的对偶式也一定相等

B. 若两个表达式不等,则它们的对偶式一定相等

C. 若两个表达式相等,则它们的对偶式一定不相等

16. 对逻辑变量任一组取值,任意两个最小项之积为(　　　)。

A. 1　　　　　　B. 0　　　　　　C. 不确定

17. 对逻辑变量任一组取值,所有最小项之和恒为(　　　)。

A. 1　　　　　　B. 0　　　　　　C. 不确定

18. 卡诺图化简时,每个圈包围的方格数为(　　　)。

A. 任意个　　　　B. $2n$ 个　　　　C. 2 的 n 次方个

19. 卡诺图化简时,8 个相邻的最小项合并,可以消去(　　　)变量。

A. 8 个　　　　　B. 3 个　　　　　C. 1 个

20. 异或运算是指(　　　)。

A. 输入不同,输出为 0
B. 输入不同,输出为 1

C. 输入相同,输出为 0
D. 输入相同,输出为 1

21. 或非运算的功能是(　　　)。

A. 输入有 1,输出为 0
B. 输入有 1,输出为 1

C. 输入有 0,输出为 0
D. 输入全为 0,输出为 1

E. 输入全为 0,输出为 0

22. 卡诺图化简时,画圈的原则是(　　　)。

A. 所画总圈数要尽量少
B. 每个圈要画得尽可能大

C. 每个最小项都可重复使用
D. 所有的 1 都必须圈到

23. 逻辑函数 $L=A+AB$,(　　)。

A. 最简式为 A
B. 对偶式为 $A(A+B)$
C. 最简式为 $A+B$
D. 最简式为 AB

24. 逻辑函数 $L=A+B+1$(　　)。

A. 等于 1
B. 等于 0
C. 等于 $A+B$
D. 反函数为 0

25. 在下列逻辑函数中,F 恒为 0 的是(　　)。

A. $F(ABC)=\overline{m_0}\cdot\overline{m_2}\cdot\overline{m_5}$
B. $F(ABC)=m_0+m_2+m_5$
C. $F(ABC)=m_0\cdot m_2\cdot m_5$
D. $F(ABC)=\overline{m_0}+\overline{m_2}+\overline{m_5}$

26. 若一个逻辑表达式中的一个最小项是 $A\overline{B}C\overline{D}$,则与之相邻的最小项是(　　)。

A. $\overline{A}\,\overline{B}C\overline{D}$
B. $A\,\overline{B}CD$
C. $\overline{A}\overline{B}C\overline{D}$
D. $\overline{A}\overline{B}C\overline{D}$

27. 函数 $F(A,B,C)=AB+BC+AC$ 的最小项表达式为(　　)。

A. $F(A,B,C)=\sum m(0,2,4)$

B. $F(A,B,C)=\sum m(3,5,6,7)$

C. $F(A,B,C)=\sum m(0,2,3,4)$

D. $F(A,B,C)=\sum m(2,4,6,7)$

二、判断题(正确的打"√",错误的打"×")

1. 逻辑变量的取值,1 比 0 大。(　　)

2. 异或函数与同或函数在逻辑上互为反函数。(　　)

3. 若两个函数具有相同的真值表,则两个逻辑函数必然相等。(　　)

4. 因为逻辑表达式 $A+B+AB=A+B$ 成立,所以 $AB=0$ 成立。(　　)

5. 若两个函数具有不同的真值表,则两个逻辑函数必然不相等。(　　)

6. 若两个函数具有不同的逻辑函数式,则两个逻辑函数必然不相等。(　　)

7. 逻辑函数两次求反则还原,逻辑函数的对偶式再作对偶变换则还原为它本身。(　　)

8. 逻辑函数 $Y=A\overline{B}+\overline{A}B+\overline{B}C+B\overline{C}$ 已是最简与或表达式。(　　)

9. 因为逻辑表达式 $A\overline{B}+\overline{A}B+AB=A+B+AB$ 成立,所以 $A\overline{B}+\overline{A}B=A+B$ 成立。(　　)

10. 对逻辑函数 $Y=A\overline{B}+\overline{A}B+\overline{B}C+B\overline{C}$ 利用代入规则,令 $A=BC$,代入得 $Y=BC\overline{B}+\overline{BC}B+\overline{B}C+B\overline{C}=\overline{B}C+B\overline{C}$ 成立。(　　)

11. 逻辑函数 $Y=\overline{\overline{AB}\cdot\overline{CD}}$ 的与或表达式是 $Y=(A+B)(C+D)$。(　　)

12. 逻辑函数 $Y=A+BC$ 又可写成 $Y=(A+B)(A+C)$。(　　)

13. 用卡诺图化简逻辑函数时,合并相邻项的个数为偶数个最小项。(　　)

14. 逻辑函数 Y 最小项表达式中,缺少的编号就是逻辑函数 Y 最大项的编号。(　　)

15. 实现逻辑函数 $Y=\overline{A+B\cdot\overline{C+D}}$ 可用一个 4 输入或门。(　　)

16. 与非门的逻辑功能是:输入有 0 时,输出为 0;只有输入都为 1,输出才为 1。(　　)

17. 当 $X\cdot Y=1+Y$ 时,则 $X=1\cdot Y=1$。(　　)

18. 逻辑等式 $A+AB=A+B$ 成立。(　　)

19. 逻辑表达式 $A+A=2A$。(　　)

20. 若两个最小项中除去一个变量相同，其他都不同，则称此两个最小项逻辑相邻。（　　）

三、填空题

1. 逻辑代数又称为_____代数。最基本的逻辑关系有_____、_____、_____三种。常用的几种导出的复合逻辑运算为_____、_____、_____、_____、_____。

2. 逻辑函数的常用表示方法有_____、_____、_____。

3. 逻辑代数中与普通代数相似的定律有_____、_____、_____。摩根定律又称为_____。

4. 逻辑代数的三个重要规则是_____、_____、_____。

5. 逻辑函数 $F=\overline{A}+B+\overline{C}D$ 的反函数为_____。

6. 逻辑函数 $F=A(B+C)\cdot1$ 的对偶式是_____。

7. 逻辑函数 $F=AB+\overline{A}C+BC$ 的对偶式为_____。

8. 逻辑函数 $F=\overline{A}\,\overline{B}\,\overline{C}\overline{D}+A+B+C+D$ 的反函数为_____。

9. 逻辑函数 $F=A\overline{B}+\overline{A}B+\overline{A}\,\overline{B}+AB$ 的反函数为_____。

10. 已知函数的对偶式为 $\overline{AB}+\overline{CD}+BC$，则它的原函数为_____。

11. 由 n 个变量构成逻辑函数的全部最小项有_____个，4 个变量卡诺图由_____个小方格组成。

12. 逻辑函数表达式有_____和_____两种标准形式。

13. 最简与或表达式的标准是：_____、_____。

14. 化简逻辑函数的主要方法有：_____、_____。

15. 最小项表达式又称为_____表达式，最大项表达式又称为_____表达式。

四、按要求写出表达式

1. 写出 $Y=\overline{A}BC+AC+\overline{B}C$ 的最小项之和表达式。

2. 写出 $Y=A\overline{B}+C$ 的最大项之积表达式。

3. 写出 $Y=AB+BC+AC$ 的与非-与非表达式。

4. 写出 $Y=A\overline{B}C+B\overline{C}$ 的或非-或非表达式。

五、化简

1. $Y=A\overline{B}+B+\overline{A}B$。

2. $Y = ABD + A\overline{B}C\overline{D} + A\overline{C}DE + A$。

3. $Y = A\overline{B}CD + ABD + A\overline{C}D$。

4. $Y = A\overline{C} + ABC + AC\overline{D} + CD$。

5. $Y = AC + B\overline{C} + \overline{A}B$。

6. $Y = A\overline{B}C + \overline{A} + B + \overline{C}$。

7. $Y=\overline{A}\,\overline{B}+AC+\overline{B}C$。

8. $Y=A\overline{B}+\overline{A}C+BC+\overline{C}D$。

9. $Y=A\overline{B}+\overline{A}C+\overline{C}D+D$。

10. $Y=A\overline{B}\,\overline{C}+\overline{A}\,\overline{B}+\overline{A}D+C+BD$。

11. $F(A, B, C, D) = \sum m(0, 13, 14, 15) + \sum d(1, 2, 3, 9, 10, 11)$。

12. $F(A, B, C, D) = \sum m(0, 1, 2, 5, 6, 8, 9, 10, 13, 14)$。

13. $F(A, B, C, D) = \sum m(0, 2, 4, 6, 9, 13) + \sum d(1, 3, 5, 7, 11, 15)$。

14. $F(A, B, C, D) = \sum m(3, 6, 8, 9, 11, 12) + \sum d(0, 1, 2, 13, 14, 15)$。

15. $F(A, B, C, D) = \sum m(0, 2, 3, 4, 5, 6, 11, 12) + \sum d(8, 9, 10, 13, 14, 15)$。

六、分析题

★1. 分别用反演规则和对偶规则求出下列函数的对偶式 F_d 和反函数式 $\overline{F}$。

(1) $F = [(A\overline{B} + C)D + E]B$；　(2) $F = A + \overline{\overline{B + \overline{C} + \overline{\overline{D + \overline{E}}}}}$。

2. 试根据输入 A、B 的波形，画出如图 $2-1$ 所示电路中输出 Y 的波形。

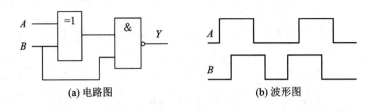

(a) 电路图　　　　　　　　　(b) 波形图

图 $2-1$

★3.

(1) 写出如图 $2-2$ 所示电路的输出函数表达式的最简与或式，列出完整的真值表。

(2) 若将图 $2-2(b)$ 所示的波形加到图 $2-2(a)$ 所示电路的输入端，试画出 F 的输出波形。

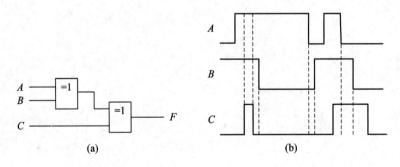

(a)　　　　　　　　　　　(b)

图 $2-2$

4. 已知逻辑函数的真值表如表 2-1 所示。试分别写出最小项之和表达式和最大项之积表达式，并分别求出该函数的最简与或式和最简或与式。

表 2-1 真值表

A	B	C	F_1
0	0	0	1
0	0	1	1
0	1	0	1
0	1	1	0
1	0	0	0
1	0	1	0
1	1	0	0
1	1	1	0

★5. 某电路的输入为 8421BCD 码 D_3、D_2、D_1、D_0，输出为 F，测得当 $D_3 D_2 D_1 D_0 =$ 0001、0010、0011、0101、1001 时，$F=1$，否则 $F=0$，试写出 F 的最简与非-与非表达式。

★6. 将下列具有约束条件的逻辑函数化简为最简或与表达式。

(1) $\begin{cases} F=AB\overline{C}+AB\,\overline{C}+\overline{A}\,BCD+AB\overline{CD} \\ \text{变量 } ABCD \text{ 不可能出现相同的取值} \end{cases}$

(2) $\begin{cases} F=(A\oplus B)C\overline{D}+\overline{A}B\overline{C}+\overline{A}\,\overline{C}D \\ AB+CD=0 \end{cases}$

第三章　集成逻辑门

学习要点

（1）晶体管的开关特性。

（2）TTL 逻辑门及 CMOS 逻辑门的电气特性。

重点及难点

重点：常用集成逻辑门电路的逻辑功能和电气特性。

难点：常用门电路的电气特性，尤其是输入/输出特性。

一、选择题（不定项选择）

1. 三态门输出高阻状态时，（　　）是正确的说法。

A. 用电压表测量指针不动　　　　　　　B. 相当于悬空

C. 电压不高不低　　　　　　　　　　　D. 测量电阻指针不动

2. 以下电路中可以实现"线与"功能的有（　　）。

A. 与非门　　　　　　　　　　　　　　B. 三态输出门

C. 集电极开路门　　　　　　　　　　　D. 漏极开路门

3. 以下电路中常用于总线应用的有（　　）。

A. TSL 门　　　　　　　　　　　　　　B. OC 门

C. 漏极开路门　　　　　　　　　　　　D. CMOS 与非门

4. 逻辑表达式 $Y=AB$ 可以用（　　）实现。

A. 正或门　　　　　B. 正非门　　　　　C. 正与门　　　　　　D. 负或门

5. TTL 电路在正逻辑系统中，以下各种输入中（　　）相当于输入逻辑"1"。

A. 悬空　　　　　　　　　　　　　　　B. 通过电阻 2.7 kΩ 接电源

C. 通过电阻 2.7 kΩ 接地　　　　　　　D. 通过电阻 510 Ω 接地

6. 对于 TTL 与非门闲置输入端的处理，可以（　　）。

A. 接电源　　　　　　　　　　　　　　B. 通过电阻 3 kΩ 接电源

C. 接地　　　　　　　　　　　　　　　D. 与有用输入端并联

7. 要使 TTL 与非门工作在转折区，可使输入端对地外接电阻 R_I（　　）。

A. $>R_{ON}$　　　　B. $<R_{OFF}$　　　　C. $R_{OFF}<R_I<R_{ON}$　　　D. $>R_{OFF}$

8. 三极管作为开关使用时，若要提高开关速度，可（　　）。

A. 降低饱和深度　　　　　　　　　　　B. 增加饱和深度

C. 采用有源泄放回路　　　　　　　　　D. 采用抗饱和三极管

9. CMOS 数字集成电路与 TTL 数字集成电路相比，突出的优点是（　　）。

A. 微功耗　　　　　B. 高速度　　　　　C. 高抗干扰能力　　　　D. 电源范围宽

10. 与 CT4000 系列相对应的国际通用标准型号为(　　)。

A. CT74S 肖特基系列　　　　　　　B. CT74LS 低功耗肖特基系列

C. CT74L 低功耗系列　　　　　　　D. CT74H 高速系列

11. 当两输入端的与门一个输入端接高电平,另一个输入信号时,则输出与输入信号的关系是(　　)。

A. 同相　　　　　B. 反相　　　　　C. 高电平　　　　　D. 低电平

12. TTL 与非门带同类门电路灌电流负载个数增多时,其输出低电平(　　)。

A. 不变　　　　　B. 上升　　　　　C. 下降

13. 要使输出的数字信号和输入的数字信号反相,应采用(　　)。

A. 与门　　　　　B. 或门　　　　　C. 非门　　　　　D. 传输门

14. 当异或门的一个输入端接高电平,另一个输入信号时,则输出信号与输入信号的关系是(　　)。

A. 高电平　　　　B. 低电平　　　　C. 同相　　　　　D. 反相

15. 二输入端的或门一个输入端接低电平,另一个输入端接入脉冲信号时,则输出信号与输入信号的关系是(　　)。

A. 同相　　　　　B. 反相　　　　　C. 高电平　　　　　D. 低电平

16. 已知输入 A、B 和输出 Y 的波形如图 3-1 所示,能实现此波形的门电路是(　　)。

A. 与非门　　　　　　　　　　　B. 或非门

C. 异或门　　　　　　　　　　　D. 同或门

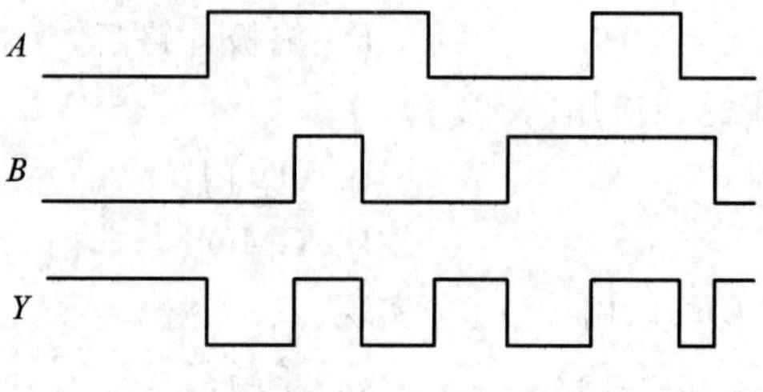

图 3-1

17. 已知输入 A、B 和输出 Y 的波形如图 3-2 所示,能实现此波形的门电路是(　　)。

A. 与非门　　　　　　　　　　　B. 或非门

C. 异或门　　　　　　　　　　　D. 同或门

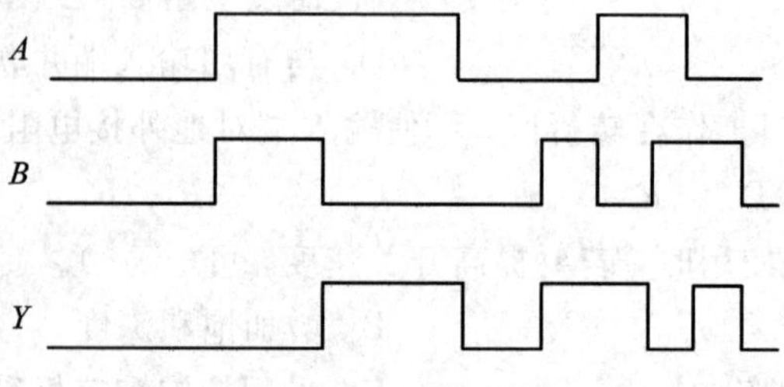

图 3-2

18. 已知输入 A、B 和输出 Y 的波形如图 3-3 所示，能实现此波形的门电路是(　　)。

A. 与非门　　　　　　B. 或非门　　　　　　C. 异或门　　　　　　D. 同或门

19. 74HC 系列集成电路与 TTL74 系列相兼容，是因为(　　)。

A. 引脚兼容　　　　B. 逻辑功能相同　　　　C. 以上两种因素共同存在

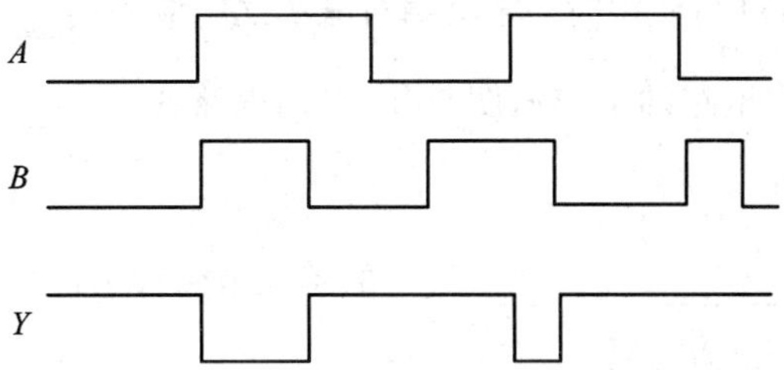

图 3-3

20. CMOS 反相器是由(　　)场效应管构成。

A. NMOS 管　　　　B. PMOS 管　　　　C. NMOS 管和 PMOS 管互补构成

二、判断题(正确的打"√"，错误的打"×")

1. TTL 与非门的多余输入端可以接固定高电平。(　　)

2. 当 TTL 与非门的输入端悬空时，相当于输入为逻辑 1。(　　)

3. 普通的逻辑门电路的输出端不能并联在一起，否则可能会损坏器件。(　　)

4. 两输入端四与非门器件 74LS00 与 7400 的逻辑功能完全相同。(　　)

5. CMOS 或非门与 TTL 或非门的逻辑功能完全相同。(　　)

6. 三态门的三种状态分别为：高电平、低电平、不高不低的电压。(　　)

7. TTL 集电极开路门输出为 1 时，由外接电源和电阻提供输出电流。(　　)

8. 一般 TTL 门电路的输出端可以直接相连，实现线与。(　　)

9. CMOS OD 门(漏极开路门)的输出端可以直接相连，实现线与。(　　)

10. TTL OC 门(集电极开路门)的输出端可以直接相连，实现线与。(　　)

三、填空题

1. 集电极开路门的英文缩写为_____门，工作时必须外加_____和_____。

2. OC 门称为_____门，多个 OC 门输出端并联到一起可实现_____功能。

3. TTL 与非门电压传输特性曲线分为_____区、_____区、_____区、_____区。

4. 国产 TTL 电路_____相当于国际 SN54/74LS 系列，其中 LS 表示_____。

5. 在数字逻辑电路中，三极管工作在_____状态和_____状态。

6. 与 TTL 门电路相比，CMOS 门电路的优点为静态功耗_____、噪声容限_____、输入电阻_____。

7. TTL 与非门输出低电平时，带_____负载，输出高电平时，带_____负载。

8. 三态输出门输出的三个状态分别为_____。

9. 与 TTL 门电路相比，I^2L 门电路的主要优点是 _____。

10. TTL 与非门多余输入端的连接方法为 _____。

11. TTL 或非门多余输入端的连接方法为 _____。

12. 漏极开路门(OD 门)使用时，输出端与电源之间应外接 _____。

13. HCMOS 系列门电路的工作速度与 TTL 门电路的 _____ 系列相当，CT74HCT 系列能与 TTL 门电路相互 _____。

14. 用以实现 _____ 的单元电路称为门电路。

四、分析计算

1. 图 3-4 输入信号的高、低电平分别是 5 V 和 0 V，R_1 为 3.3 kΩ，R_2 为 10 kΩ，R_C 为 1 kΩ，V_{CC} 为 5 V，V_{EE} 为 -8 V，三极管的 β 为 20，饱和压降与饱和导通时的内阻忽略不计。计算输入高、低电平时对应的输出电平。

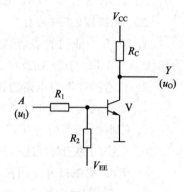

图 3-4

2. 分析图 3-5 电路的逻辑功能。

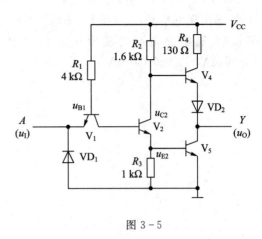

图 3-5

3. 已知图 3-6 中各门电路都是 74 系列门电路,指出各门电路的输出是什么状态。

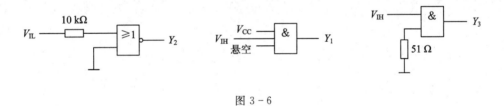

图 3-6

4. 74 系列 TTL 与非门组成如图 3 - 7 电路。试求：前级门 G_M 能驱动多少个负载门？门 G_M 输出高电平 $V_{OH} \geqslant 3.2$ V，低电平 $V_{OL} \leqslant 0.4$ V，输出低电平时输出电流最大值 $I_{OL(max)} = 16$ mA，输出高电平时输出电流最大值 $I_{OH(max)} = -0.4$ mA，与非门的电流 $I_{IL} \leqslant -1.6$ mA，$I_{IH} \leqslant 0.04$ mA。

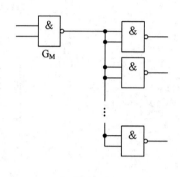

图 3 - 7

5. 已知输入信号 A、B 的波形和输出 Y_1、Y_2、Y_3、Y_4 的波形如图 3-8 所示，试判断它们各为哪种逻辑门，并画出相应逻辑门的图形符号，写出相应的逻辑表达式。

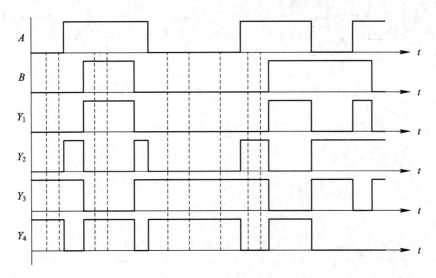

图 3-8　检测波形图

6. 由 TTL 门电路构成的电路如图 3-9 所示，试分别写出 F_1、F_2 的表达式。

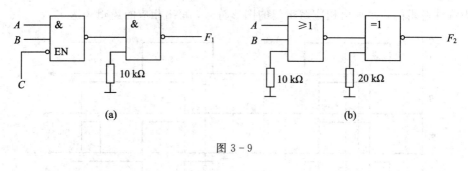

(a)   (b)

图 3-9

7. 图 3-10 中电路均由 CMOS 门电路构成，分别写出 P、Q 的表达式。

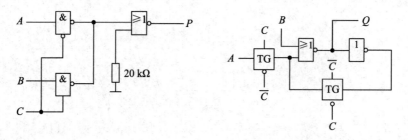

图 3-10

8. TTL 门组成的电路如图 3 - 11 所示，写出 F 的表达式，并根据输入 A、B、C 的波形画出输出 F 的波形。

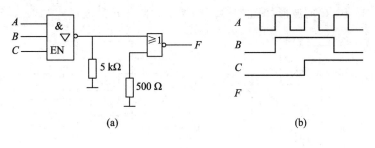

(a)　　　　　　　　　　　　　　　　　　　　(b)

图 3 - 11

9. 图 3-12(a)所示为 TTL 门电路,分析电路,要求:

(1) 写出函数 F 的逻辑表达式;

(2) 已知 A、B、C 的波形如图 3-12(b)所示,画出 F 的波形。

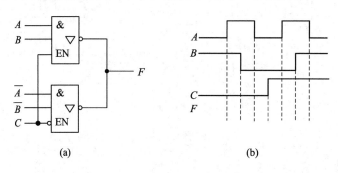

　　　　　(a)　　　　　　　　　　　　　(b)

图 3-12

五、简述题

1. 请说出常用复合门电路的种类，并简述它们的功能。

2. 试述 TTL 与非门和 OC 门、三态门的主要区别。

3. 若将与非门、或非门、异或门当作非门使用，则它们的输入端应如何连接？

4. 提高 CMOS 门电路的电源电压可提高电路的抗干扰能力，TTL 门电路能否也这样做？为什么？

第四章　组合逻辑电路

学习要点

(1) 组合逻辑电路的分析与设计。

(2) 常用中规模组合逻辑电路的工作原理。

(3) 用中规模集成电路实现组合逻辑函数。

重点及难点

重点：组合逻辑电路的分析与设计，常用中规模组合逻辑电路的工作原理及使用方法。

难点：实际问题的逻辑抽象，电路的竞争-冒险现象，及各种集成芯片的使用。

一、选择题（不定项选择）

1. 若在编码器中有 50 个编码对象，则要求输出二进制代码位数为（　　　）位。

A. 5　　　　　　　　　　　　　　　B. 6

C. 10　　　　　　　　　　　　　　D. 50

2. 一个 16 选 1 的数据选择器的地址输入（选择控制输入）端有（　　　）个。

A. 1　　　　　　　　　　　　　　　B. 2

C. 4　　　　　　　　　　　　　　D. 16

3. 在下列各函数等式中，无冒险现象的函数式有（　　　）。

A. $F=\overline{B}\overline{C}+AC+\overline{A}B$　　　　　　　B. $F=\overline{A}C+BC+A\overline{B}$

C. $F=\overline{A}C+BC+A\overline{B}+\overline{A}B$　　　　D. $F=\overline{B}\overline{C}+AC+\overline{A}B+BC+A\overline{B}+\overline{A}C$

4. 函数 $F=\overline{A}C+AB+\overline{B}\overline{C}$，当变量的取值为（　　　）时，将出现冒险现象。

A. $B=C=1$　　　　　　　　　　B. $B=C=0$

C. $A=1, C=0$　　　　　　　　　D. $A=0, B=0$

5. 4 选 1 数据选择器的数据输出 Y 与数据输入 X_i 和地址码 A_i 之间的逻辑表达式为 $Y=$（　　　）。

A. $\overline{A_1}\,\overline{A_0}X_0+\overline{A_1}A_0X_1+A_1\overline{A_0}X_2+A_1A_0X_3$

B. $\overline{A_1}\,\overline{A_0}X_0$

C. $\overline{A_1}A_0X_1$

D. $A_1A_0X_3$

6. 一个 8 选 1 数据选择器的地址端有（　　　）个。

A. 1　　　　　　B. 2　　　　　　C. 3　　　　　　D. 4

7. 在下列逻辑电路中，不是组合逻辑电路的有（　　　）。

A. 译码器　　　　B. 编码器　　　　C. 全加器　　　　D. 寄存器

8. 8 路数据分配器的地址输入端有（　　　）个。

A. 1　　　　　　　　　　　　　　　B. 2

C. 3　　　　　　　　　　　　　　　D. 4

9. 组合逻辑电路消除竞争-冒险的方法有(　　　)。

A. 修改逻辑设计　　　　　　　　　　B. 在输出端接入滤波电容

C. 后级加缓冲电路　　　　　　　　　D. 屏蔽输入信号的尖峰干扰

10. 101 键盘的编码器输出(　　　)位二进制代码。

A. 2　　　　　　　　　　　　　　　B. 6

C. 7　　　　　　　　　　　　　　　D. 8

11. 用 3-8 线译码器 74LS138 实现原码输出的 8 路数据分配器是(　　　)。

A. $ST_A=1$, $\overline{ST_B}=D$, $\overline{ST_C}=0$　　　　B. $ST_A=1$, $\overline{ST_B}=D$, $\overline{ST_C}=D$

C. $ST_A=1$, $\overline{ST_B}=0$, $\overline{ST_C}=D$　　　　D. $ST_A=D$, $\overline{ST_B}=0$, $\overline{ST_C}=0$

12. 以下电路中，加以适当辅助门电路，(　　　)适于实现单输出组合逻辑电路。

A. 二进制译码器　　　　　　　　　　B. 数据选择器

C. 数值比较器　　　　　　　　　　　D. 七段显示译码器

13. 用 4 选 1 数据选择器实现函数 $Y=A_1A_0+\overline{A_1}A_0$，应使(　　　)。

A. $D_0=D_2=0$, $D_1=D_3=1$　　　　B. $D_0=D_2=1$, $D_1=D_3=0$

C. $D_0=D_1=0$, $D_2=D_3=1$　　　　D. $D_0=D_1=1$, $D_2=D_3=0$

14. 用 3-8 线译码器 74LS138 和辅助门电路实现逻辑函数 $Y=A_2+\overline{A_2}\overline{A_1}$，应(　　　)。

A. 用与非门，$Y=\overline{\overline{Y_0}\overline{Y_1}\overline{Y_4}\overline{Y_5}\overline{Y_6}\overline{Y_7}}$　　　　B. 用与门，$Y=\overline{Y_2}\overline{Y_3}$

C. 用或门，$Y=\overline{Y_2}+\overline{Y_3}$　　　　D. 用或门，$Y=\overline{Y_0}+\overline{Y_1}+\overline{Y_4}+\overline{Y_5}+\overline{Y_6}+\overline{Y_7}$

15. 4 位集成数值比较器至少应有端口数(　　　)个。

A. 5　　　　　　　　　　　　　　　B. 4

C. 3　　　　　　　　　　　　　　　D. 2

16. 8 路数据分配器的地址输入端有(　　　)个。

A. 1　　　　　　　　　　　　　　　B. 3

C. 4　　　　　　　　　　　　　　　D. 8

17. 分析组合逻辑电路的目的是要得到(　　　)。

A. 逻辑电路图　　　　　　　　　　　B. 逻辑电路的功能

C. 逻辑函数式　　　　　　　　　　　D. 逻辑电路的真值表

18. 设计组合逻辑电路的目的是要得到(　　　)。

A. 逻辑电路图　　　　　　　　　　　B. 逻辑电路的功能

C. 逻辑函数式　　　　　　　　　　　D. 逻辑电路的真值表

19. 二-十进制编码器的输入编码信号应有(　　　)。

A. 2 个　　　　　　　　　　　　　　B. 4 个

C. 8 个　　　　　　　　　　　　　　D. 10 个

20. 与 4 位串行进位加法器相比，使用 4 位超前进位加法器的目的是(　　　)。

A. 完成 4 位加法运算　　　　　　　　B. 提高加法运算速度

C. 完成串并行加法运算　　　　　　　D. 完成加法运算自动进位

21. 将一个输入数据送到多路输出指定通道上的电路是( )。

A. 数据分配器　　　　　　　　　　　B. 数据选择器

C. 数据比较器　　　　　　　　　　　D. 编码器

22. 从多个输入数据中选出其中一个输出的电路是( )。

A. 数据分配器　　　　　　　　　　　B. 数据选择器

C. 数据比较器　　　　　　　　　　　D. 编码器

23. 任何带使能端的译码器都可以作为( )使用。

A. 加法器　　　　B. 数据分配器　　　　C. 编码器　　　　D. 计数器

24. 组合逻辑电路产生竞争-冒险的可能情况是( )。

A. 2个信号同时由 0→1　　　　　　　B. 2个信号同时由 1→0

C. 1个信号为 0，另 1个信号由 0→1　　D. 1个信号为 0→1，另 1个信号由 1→0

25. 一个 16选1的数据选择器，其地址输入(选择控制输入)端有( )个。

A. 1　　　　　　B. 2　　　　　　C. 4　　　　　　D. 16

26. 数据分配器和( )有着相同的基本电路结构形式。

A. 加法器　　　　　　　　　　　　　B. 编码器

C. 数据选择器　　　　　　　　　　　D. 译码器

27. 比较两个一位二进制数 A 和 B，当 $A>B$ 时输出 $F=1$，则 F 的表达式是( )。

A. $F=AB$　　　B. $F=\overline{A}B$　　　C. $F=A\overline{B}$　　　D. $F=\overline{A}\overline{B}$

28. 组合逻辑电路中的冒险是由于( )引起的。

A. 电路未达到最简　　　　　　　　　B. 电路有多个输出

C. 电路中的时延　　　　　　　　　　D. 逻辑门类型不同

29. 一个四位二进制译码器的输出函数最多可以有( )个。

A. 1　　　　　　B. 8　　　　　　C. 10　　　　　　D. 16

30. 一个逻辑表达式中的一个最小项是 $A\overline{B}C\overline{D}$，则与之相邻的最小项是( )。

A. $\overline{A}\,\overline{B}CD$　　　　　　　　　　B. $A\overline{B}CD$

C. $\overline{A}BCD$　　　　　　　　　　　D. $\overline{A}BCD$

二、判断题(正确的打"√"，错误的打"×")

1. 优先编码器的编码信号是相互排斥的，不允许多个编码信号同时有效。( )

2. 编码与译码是互逆的过程。( )

3. 二进制译码器相当于是一个最小项发生器，便于实现组合逻辑电路。( )

4. 在二-十进制译码器中，未使用的输入编码应做约束项处理。( )

5. 4位输入的二进制译码器，其输出应有 16位。( )

6. 一个 16选1的数据选择器，其选择控制(地址)输入端有 16个，数据输入端有 1个。( )

7. 共阴接法发光二极管数码显示器需选用有效输出为高电平的七段显示译码器来驱动。( )

8. 数据选择器和数据分配器的功能正好相反，互为逆过程。( )

9. 用数据选择器可实现时序逻辑电路。( )

10. 组合逻辑电路中产生竞争-冒险的主要原因是输入信号受到尖峰干扰。( )

三、填空题

1. 组合逻辑电路在逻辑功能上的共同特点是＿＿＿＿＿＿＿＿＿＿＿＿＿＿＿＿＿＿。

2. 数字电路分成两大类,一类是＿＿＿＿＿＿＿＿＿＿,另一类是＿＿＿＿＿＿＿＿。

3. 半导体数码显示器的内部接法有两种形式:共＿＿＿＿接法和共＿＿＿＿接法。

4. 对于共阳接法的发光二极管数码显示器,应采用＿＿＿＿电平驱动的七段显示译码器。

5. 消除竞争-冒险的方法有＿＿＿＿＿＿＿、＿＿＿＿＿＿＿、＿＿＿＿＿＿＿等。

6. 4 位二进制编码器有＿＿＿＿个输入端,＿＿＿＿个输出端。

7. 把一组输入的二进制代码翻译成具有特定含义的输出信号称为＿＿＿＿。

8. 数据分配器的功能类似于多位开关,是一种＿＿＿＿输入、＿＿＿＿输出的组合逻辑电路。

9. 用组合电路构成多位二进制数加法器有＿＿＿＿和＿＿＿＿两种类型。

10. 当数据选择器的数据输入端的个数为 8 时,则其地址码选择端应有＿＿＿＿位。

11. 如果对全班 50 名同学各分配一个二进制代码,而该功能用一逻辑电路来实现,则该电路称为＿＿＿＿,该电路的输出代码至少有＿＿＿＿位。

12. 对二进制译码器来说,若具有 n 个输入端,则应有＿＿＿＿个输出端。

13. 串行进位加法器的缺点是＿＿＿＿,若要加快速度应采用＿＿＿＿加法器。

14. 竞争-冒险是指＿＿＿＿＿＿＿＿＿＿＿＿＿＿＿＿＿＿＿＿＿＿的现象。

四、分析设计题

1. 分析图 4-1 电路的逻辑功能。在保证逻辑功能不变的情况下,此电路可否用非门和与非门构成,试画出电路图。

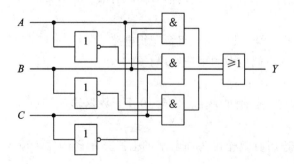

图 4-1

2. 试分析图 4-2(a)和(b)两个电路是否具有相同的逻辑功能。如果相同，它们实现的是何种逻辑功能。

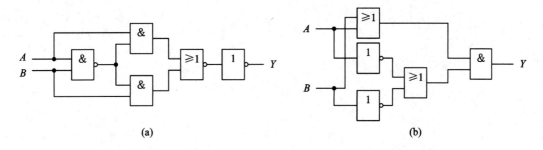

(a)　　　　　　　　　　　　　　　(b)

图 4-2

3. 试分析图 4-3 电路的逻辑功能。

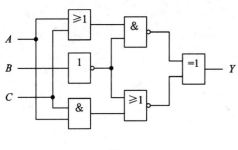

图 4-3

4. 用两片 74HC148 接成 16 - 4 线优先编码器。

5. 用两片 74HC138 接成 4 - 16 线译码器。

6. 8 路数据选择器构成的电路如图 4-4 所示，A_2、A_1、A_0 为数据输入端，根据图中对 $D_0 \sim D_7$ 的设置，写出该电路所实现函数 F 的表达式。

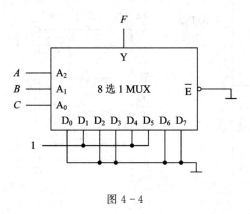

图 4-4

7. 写出图 4-5 中 $F(A，B，C，D)$ 的最小项表达式，并化简为最简与或表达式。

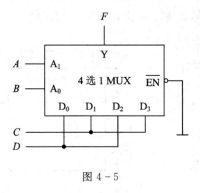

图 4-5

8. 分析图 4－6 电路图，写出函数 F_1、F_2、F_3 表达式。

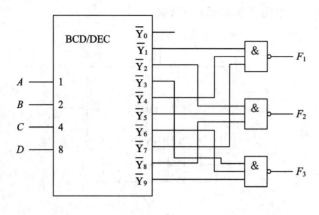

图 4 － 6

★9. 用 3－8 线译码器构成的脉冲分配器电路图及输入波形如图 4－7 所示。

(1) 若 CP 脉冲信号加在 $\overline{E}_3$ 端，画出 $\overline{Y}_0 \sim \overline{Y}_7$ 的波形图。

(2) 若 CP 脉冲信号加在 E_1 端，画出 $\overline{Y}_0 \sim \overline{Y}_7$ 的波形图。

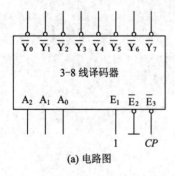

(a) 电路图

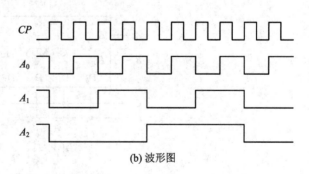

(b) 波形图

图 4 － 7

10. 写出图 4-8 中电路的最简表达式，并改用 8 选 1 数据选择器重新设计该电路(无反变量输入，且不得增加其他门)。

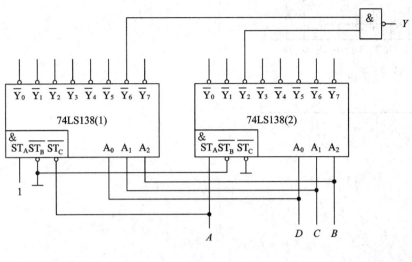

图 4-8

11. 分析图 4-9 电路图,写出输出 Z 的最简逻辑表达式。

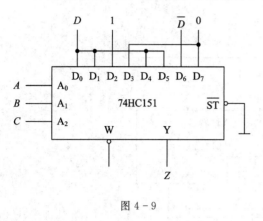

图 4-9

12. 图 4-10 为两个 4 选 1 数据选择器组成的逻辑电路,写出输出 Z 与输入 M、N、P、Q 之间的逻辑函数。已知数据选择器的逻辑函数为 $Y=(D_0\ \overline{A_1 A_0}+D_1\ \overline{A_1}A_0+D_2 A_1\ \overline{A_0}+D_3 A_1 A_0)S$。

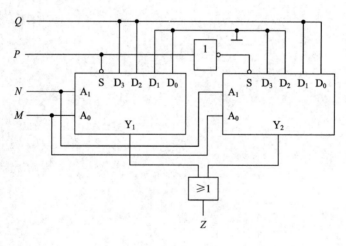

图 4-10

13. 用 4 选 1 数据选择器实现如下三变量函数。

(1) $Y = \overline{A}\,\overline{B}\,\overline{C} + AC + \overline{A}BC$

(2) $Y = A\overline{B}\,\overline{C} + \overline{A}\,\overline{C} + BC$

14. 用 3 - 8 线译码器 74LS138 和门电路产生如下函数，用 8 选 1 数据选择器 74HC151 实现函数 Y_2。

$$Y_1 = AC + \overline{B}C$$
$$Y_2 = \overline{A}\,\overline{B}C + A\overline{B}\,\overline{C} + BC$$
$$Y_3 = \overline{B}\,\overline{C} + A\overline{B}C$$

★15. 用一片 74LS138 和少量逻辑门设计一个组合电路,该电路输入 X 和输出 Y 均为三位二进制数,二者之间的关系为

$$当 2 \leqslant X \leqslant 5 时,Y = X + 2;$$

$$当 X < 2 时,Y = 1;$$

$$当 X > 5 时,Y = 0。$$

要求:列出真值表,写出输出函数表达式,画出逻辑电路图。

16. 用 4 - 16 线译码器 74LS154 和门电路产生如下函数。

$$Y = A\overline{C}D + \overline{A}\,\overline{B}CD + BC + BC\overline{D}$$

17. 某工厂有 3 个车间和 1 个自备电站，站内有 2 台发电机 X 和 Y，Y 的发电能力是 X 的 2 倍。如果 1 个车间开工，只启动 X 即可；如果 2 个车间同时开工，只启动 Y 即可；如果 3 个车间同时开工，则 X 和 Y 都要启动。试设计一个控制发电机 X、Y 启动和停止的逻辑电路。

（1）用全加器实现。

（2）用译码器实现。

（3）用门电路实现，门电路种类不限。

18. 某雷达站有 3 部雷达 A、B、C，其中 A 和 B 功率消耗相等，C 的功率是 A 的功率的两倍。这些雷达由 X 和 Y 两台发电机供电，发电机 X 的最大输出功率等于雷达 A 的功率消耗，发电机 Y 的最大输出功率是 X 的 3 倍。

要求：用与非门设计一个逻辑电路，能够根据各雷达的启动信号和关闭信号，以最节约电能的方式启、停发电机。

19. 分别用与非门和或非门设计一个举重裁判表决电路。举重比赛有 3 个裁判，其中有 1 个主裁判，2 个副裁判。每个裁判都可操作自己的按钮来裁定选手是否成功举起杠铃。只有当 2 个或 2 个以上的裁判判定运动员成功举起，且其中有 1 个为主裁判时，表示选手成功举起的指示灯才亮。

★20. 由 3-8 线译码器和逻辑门电路组成的组合逻辑电路如图 4-11 所示。

(1) 分别写出 F_1、F_2 的最简或与表达式；

(2) 当输入变量 A、B、C、D 为何种取值时，$F_1 = F_2 = 1$。

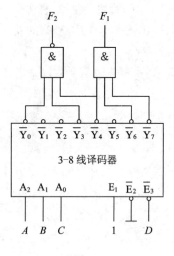

图 4-11

21. 双 4 选 1 数据选择器如图 4−12 所示。现要实现 8 选 1 数据选择器的功能（地址信号为 $A_2A_1A_0$，数据输入端信号为 $D_7 \sim D_0$），请画出电路连接图。

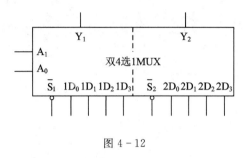

图 4−12

22. 由 74LS153 双 4 选 1 数据选择器组成的电路如图 4−13 所示。
(1) 分析该电路，写出 F 的最小项表达式；
(2) 改用 8 选 1 数据选择器实现函数 F，画出逻辑电路图。

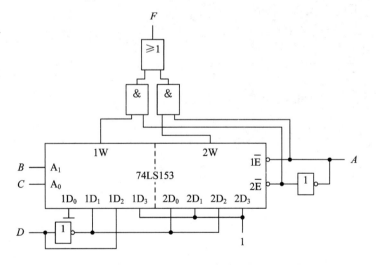

图 4−13

★23. 有 8 根地址输入线 $A_7 \sim A_0$，要求当地址码为 A8H、A9H、…、AFH 时，译码输出 $\overline{Y}_0 \sim \overline{Y}_7$ 分别被译中，且低电平有效。请用一片 3 - 8 线译码器和少量逻辑门设计此多地址输入的译码电路。

24. 设计一个三变量偶检验逻辑电路。当三变量 A、B、C 输入组合中的"1"的个数为偶数时，$F=1$；否则 $F=0$。要求：

(1) 列出该电路 F(A,B,C)的真值表和逻辑表达式；

(2) 如图 4 - 14 所示，用 74LS151 实现电路。

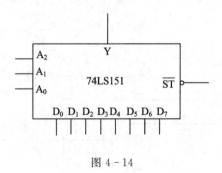

图 4 - 14

25. 函数 $F(A,B,C,D) = \sum m(1,3,6,8,12,14)$。

(1) 填写卡诺图并化简为最简与或式；

(2) 填写以 D 为记图变量的三维降维卡诺图。

26. 试用一片 8 选 1 数据选择器 74LS151 设计电路，实现如下功能：既可以实现三人表决（遵循少数服从多数原则）功能，又可以实现判断三输入逻辑是否一致（如果输入一致，则输出结果为高电平）的功能：当控制信号 $M=0$ 时，实现三人表决功能；当 $M=1$ 时，实现判断三逻辑是否一致的功能。要求给出设计的全过程，并画出逻辑电路图。

27. 由与非门构成的某表决电路如图 4－15 所示，其中 A、B、C、D 表示四个人，Z 为 1 时表示议案通过。

(1) 试分析该电路，说明议案通过的情况共有几种。

(2) 分析 A、B、C、D 四人中谁的权力最大。

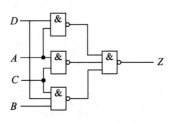

图 4－15

第五章　集成触发器

学习要点

触发器的逻辑功能及描述方法。

重点及难点

重点：触发器的逻辑功能。

难点：对触发器工作原理的理解。

一、选择题（不定项选择）

1. N 个触发器可以构成能寄存（　　）位二进制数码的寄存器。

A. $N-1$　　　　　　B. N　　　　　　C. $N+1$　　　　　　D. 2^N

2. 一个触发器可记录一位二进制代码，它有（　　）个稳态。

A. 0　　　　B. 1　　　　C. 2　　　　D. 3　　　　E. 4

3. 存储 8 位二进制信息需要（　　）个触发器。

A. 2　　　　　　B. 3　　　　　　C. 4　　　　　　D. 8

4. 对于 T 触发器，若原态 $Q^n=1$，欲使新态 $Q^{n+1}=1$，应使输入 $T=$（　　）。

A. 0　　　　　　B. 1　　　　　　C. Q　　　　　　D. $\overline{Q}$

5. 对于 D 触发器，欲使 $Q^{n+1}=Q^n$，应使输入 $D=$（　　）。

A. 0　　　　　　B. 1　　　　　　C. Q　　　　　　D. $\overline{Q}$

6. 对于 JK 触发器，若 $J=K$，则可完成（　　）触发器的逻辑功能。

A. RS　　　　　　B. D　　　　　　C. T　　　　　　D. T'

7. 欲使 JK 触发器按 $Q^{n+1}=Q^n$ 工作，可使 JK 触发器的输入端（　　）。

A. $J=K=0$　　　B. $J=Q,K=\overline{Q}$　　C. $J=\overline{Q},K=Q$　　D. $J=Q,K=0$

8. 欲使 D 触发器按 $Q^{n+1}=\overline{Q^n}$ 工作，应使输入 $D=$（　　）。

A. 0　　　　　　B. 1　　　　　　C. Q　　　　　　D. $\overline{Q}$

9. 下列触发器中，克服了"空翻"现象的有（　　）。

A. 边沿 D 触发器　　　　　　　　　B. 主从 RS 触发器

C. 同步 RS 触发器　　　　　　　　　D. 主从 JK 触发器

10. 下列触发器中，没有约束条件的是（　　）。

A. 基本 RS 触发器　　　　　　　　　B. 主从 RS 触发器

C. 同步 RS 触发器　　　　　　　　　D. 边沿 D 触发器

11. 描述触发器逻辑功能的方法有（　　）。

A. 状态转换真值表　　　　　　　　　B. 特性方程

C. 状态转换图　　　　　　　　　　　D. 状态转换卡诺图

12. 要使由与非门组成的基本 RS 触发器保持原状态不变,$\overline{R}_D$ 和 $\overline{S}_D$ 端输入的信号应取( )。

A. $\overline{R}_D = \overline{S}_D = 0$ B. $\overline{R}_D = 0$、$\overline{S}_D = 1$ C. $\overline{R}_D = \overline{S}_D = 1$ D. $\overline{R}_D = 1$、$\overline{S}_D = 0$

13. 要使由或非门组成的基本 RS 触发器保持原状态不变,$\overline{R}_D$ 和 $\overline{S}_D$ 端输入的信号应取( )。

A. $\overline{R}_D = \overline{S}_D = 0$ B. $\overline{R}_D = 0$、$\overline{S}_D = 1$ C. $\overline{R}_D = \overline{S}_D = 1$ D. $\overline{R}_D = 1$、$\overline{S}_D = 0$

14. 维持阻塞 D 触发器在时钟 CP 上升沿的到来前 $D=1$,而在 CP 上升沿到来以后 D 变为 0,则触发器状态为( )。

A. 0 状态   B. 1 状态   C. 状态不变   D. 状态不确定

15. 下降沿触发的边沿 JK 触发器在时钟脉冲 CP 下降沿到来之前 $J=1$、$K=0$,而在 CP 下降沿到来之后变为 $J=0$、$K=1$,则触发器状态为( )。

A. 0 状态   B. 1 状态   C. 状态不变   D. 状态不确定

16. 下降沿触发的边沿 JK 触发器 CT74LS112 的 $\overline{R}_D = 1$、$\overline{S}_D = 1$,当 $J=1$、$K=1$ 时,若输入时钟脉冲的频率为 110 kHz 的方波,则 Q 端输出脉冲的频率为( )。

A. 220 kHz   B. 110 kHz   C. 55 kHz   D. 27.5 kHz

17. 若将维持阻塞 D 触发器 CT74LS74 输出 Q 置为低电平 0,则输入为( )。

A. $D=0$,$\overline{R}_D = 1$、$\overline{S}_D = 1$,输入 CP 负跃变

B. $D=1$,$\overline{R}_D = 1$、$\overline{S}_D = 1$,输入 CP 正跃变

C. $D=1$,$\overline{R}_D = 1$、$\overline{S}_D = 0$,输入 CP 正跃变

D. $D=1$,$\overline{R}_D = 0$、$\overline{S}_D = 1$,输入 CP 正跃变

18. 触发器具有( )。

A. 记忆功能,可存储 1 位二进制数

B. 记忆功能,可存储 2 位二进制数

C. 没有记忆功能

19. 基本 RS 触发器在触发输入信号 RS 的作用下,( )。

A. 只能置 1,不能置 0   B. 只能置 0,不能置 1   C. 可以置 1 或置 0

20. D 触发器是在 CP 脉冲作用下,根据输入信号 D,具有( )功能的电路。

A. 置 0、置 1   B. 保持和翻转   C. 翻转

21. 当 JK 触发器的 $J=K=1$ 时,所构成的触发器为( )。

A. 置 0 型的触发器   B. 置 1 型的触发器   C. 翻转型的触发器

22. RS 触发器的触发输入信号之间( )。

A. 有约束   B. 无约束   C. 无法确定

23. 如图 5-1 所示,由 JK 触发器构成了( )。

A. D 触发器   B. 基本 RS 触发器

C. T 触发器   D. 同步 RS 触发器

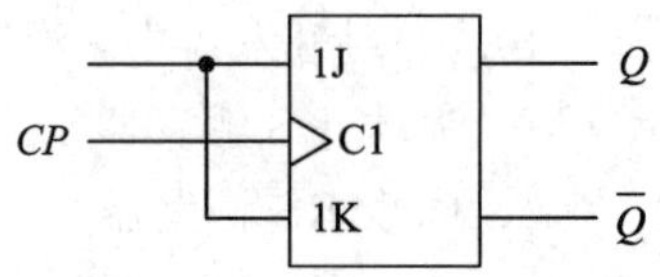

24. 仅具有置"0"和置"1"功能的触发器是( )。

A. 基本 RS 触发器   B. 钟控 RS 触发器

C. D 触发器   D. JK 触发器

图 5-1

25. TTL 集成触发器直接置"0"端 $\overline{R}_D$ 和直接置"1"端，$\overline{S}_D$ 在触发器正常工作时应(　　)。

A. $\overline{R}_D=1$，$\overline{S}_D=0$　　　　　　　　　　　B. $\overline{R}_D=0$，$\overline{S}_D=1$

C. 保持高电平"1"　　　　　　　　　　　D. 保持低电平"0"

26. 按触发器触发方式的不同，双稳态触发器可分为(　　)。

A. 高电平触发和低电平触发　　　　　　B. 上升沿触发和下降沿触发

C. 电平触发或边沿触发　　　　　　　　D. 输入触发或时钟触发

27. 按逻辑功能的不同，双稳态触发器可分为(　　)。

A. RS、JK、D、T 等　　　　　　　　　　B. 主从型和维持阻塞型

C. TTL 型和 MOS 型　　　　　　　　　　D. 上述均包括

28. 对于钟控 RS 触发器，若要求其输出"0"状态不变，则输入的 RS 信号应为(　　)。

A. RS＝×0　　　　　B. RS＝0×　　　　　C. RS＝×1　　　　　D. RS＝1×

29. 为实现将 JK 触发器转换为 D 触发器，应使(　　)。

A. $J=D$，$K=\overline{D}$　　　B. $K=D$，$J=\overline{D}$　　　C. $J=K=D$　　　D. $J=K=\overline{D}$

30. "空翻"是指(　　)。

A. 在时钟信号作用时，触发器的输出状态随输入信号的变化发生多次翻转

B. 触发器的输出状态取决于输入信号

C. 触发器的输出状态取决于时钟信号和输入信号

D. 总是使输出改变状态

二、判断题（正确的打"√"，错误的打"×"）

1. D 触发器的特性方程为 $Q^{n+1}=D$，与 Q^n 无关，所以它没有记忆功能。(　　)

2. RS 触发器的约束条件 $RS=0$，表示不允许出现 $R=S=1$ 的输入。(　　)

3. 同步触发器存在"空翻"现象，而边沿触发器和主从触发器克服了"空翻"现象。
(　　)

4. 主从 JK 触发器、边沿 JK 触发器和同步 JK 触发器的逻辑功能完全相同。(　　)

5. 若要实现一个可暂停的一位二进制计数器，控制信号 $A=0$ 保持，$A=1$ 计数，可选用 T 触发器，且令 $T=A$。(　　)

6. 由两个 TTL 或非门构成的基本 RS 触发器，当 $R=S=0$ 时，触发器的状态为不定。
(　　)

7. 对边沿 JK 触发器，在 CP 为高电平期间，当 $J=K=1$ 时，状态会翻转一次。(　　)

8. 触发器有两个稳定状态：一个是现态，一个是次态。(　　)

9. 仅具有翻转功能的触发器是 T′ 触发器。(　　)

10. JK 触发器在 CP 的作用下，若 $J=K=1$，其状态保持不变。(　　)

三、填空题

1. 触发器有_____个稳态，存储 8 位二进制信息要_____个触发器。

2. 一个基本 RS 触发器在正常工作时，它的约束条件是 $\overline{R}+\overline{S}=1$，则它不允许输入

$\overline{S}=$_____且 $\overline{R}=$_____的信号。

3. 在一个 CP 脉冲作用下，引起触发器两次或多次翻转的现象称为触发器的_____，

触发方式为_____式或_____式的触发器不会出现这种现象。

4. 主从结构的触发器主要用来解决_____问题。

5. 主从结构的 JK 触发器存在_____问题。

6. 由与非门构成的基本 RS 触发器的约束条件是_____。

7. 集成触发器有_____结构、边沿结构和维持-阻塞 3 种结构。

8. 触发器功能的表示方法有特性表、特性方程、状态图和_____。

9. 既克服了"空翻"现象,又无一次变化问题的常用集成触发器有维持-阻塞触发器和_____触发器两种。

10. 维持-阻塞 D 触发器是在 CP 的_____沿触发。

11. 触发器有 Q 和 $\overline{Q}$ 两个互补输出端,当 $Q=0$、$\overline{Q}=1$ 时,触发器处于_____状态;当 $Q=1$,$\overline{Q}=0$ 时,触发器处于_____状态。可见,触发器的状态是指_____端的状态。

12. 在钟控(同步)RS 触发器的特性方程中,约束条件为 $RS=0$,说明这两个输入信号不能同时为_____。

13. 基本 RS 触发器有_____、_____、_____三种可使用的功能。

14. 边沿 JK 触发器具有_____、_____、_____、_____功能,其特性方程为_____。

15. 维持-阻塞 D 触发器具有_____和_____功能,其特性方程为_____。若将输入端 D 和输出端 $\overline{Q}$ 相连,则 D 触发器处于_____状态。

16. 触发器具有_____个稳定状态,它可存储_____位二进制信息。

17. 具有直接复位端和置位端($\overline{R}_\mathrm{D}\overline{S}_\mathrm{D}$)的触发器,当触发器处于受 CP 脉冲控制的情况下工作时,这两端所加的信号为_____、_____。

18. 按触发器触发方式的不同,双稳态触发器可分为_____、_____。

19. 仅具有保持和翻转功能的触发器是_____。

20. 钟控 RS 触发器的特征方程是_____。

21. 用 8 级触发器可以记忆_____种不同的状态。

22. 仅具有置"0"和置"1"功能的触发器是_____。

23. 边沿式 D 触发器是一种_____稳态电路。

24. 与主从触发器相比,_____触发器的抗干扰能力较强。

25. 对于 JK 触发器,若 $J=K$,则可完成_____触发器的功能。

四、分析题

1. 画出由与非门组成的 RS 触发器输出端 Q、$\overline{Q}$ 的电压波形,输入端 $\overline{S}$、$\overline{R}$ 的电压波形如图 5-2 中所示。设触发器的起始状态为 $Q=0$。

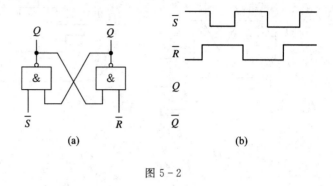

(a)　　　　　　　　　　(b)

图 5-2

2. 画出图 5-3(a)中由或非门组成的 RS 触发器输出端 Q、$\overline{Q}$ 的电压波形,其中输入端 S、R 的电压波形如图 5-3(b)所示。

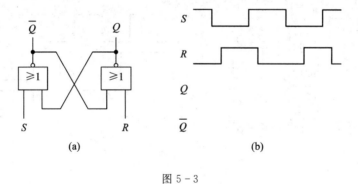

(a)　　　　　　　　　　(b)

图 5-3

3. 由或非门组成的触发器和输入端信号如图 5 - 4(a)所示，设触发器的初始状态为 1，画出图 5 - 4(b)中输出端 Q 的波形。

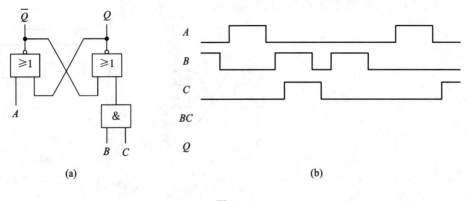

(a)   (b)

图 5 - 4

4. 在图 5 - 5(a)电路中，若 CP、S、R 的电压波形如图 5 - 5(b)中所示，试画出 Q 的波形。假定触发器的初始状态为 $Q=0$。

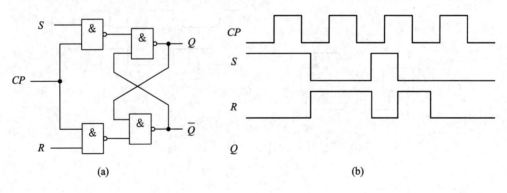

(a)   (b)

图 5 - 5

5. 若主从结构 RS 触发器各输入端的电压波形如图 5-6 所示，试画出 Q、$\overline{Q}$ 端对应的电压波形。设触发器的初始状态为 $Q=0$。

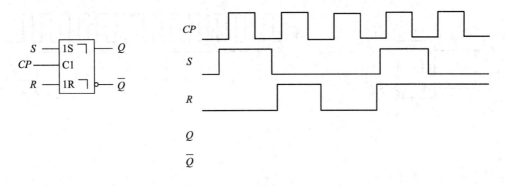

图 5-6

6. 已知主从结构 JK 触发器输入端 J、K 和 CP 的电压波形如图 5-7 所示，试画出 Q、$\overline{Q}$ 端对应的波形。设触发器的初始状态为 $Q=0$。

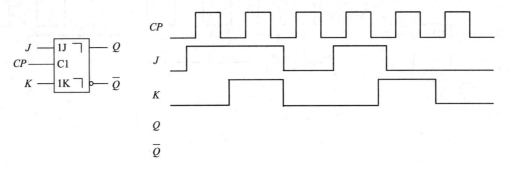

图 5-7

7. 图 5-8 电路中,已知 CP 和输入信号 T 的电压波形,试画出触发器输出端 Q、$\overline{Q}$ 的电压波形。设触发器的起始状态为 $Q=0$。

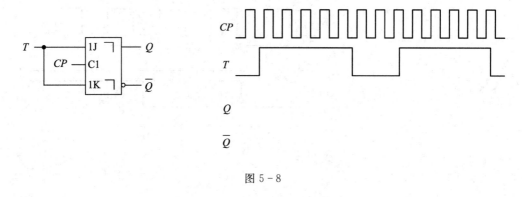

图 5-8

8. 已知上升沿触发的 D 触发器输入端的波形如图 5-9 所示,试画出输出端 Q 的波形。若为下降沿触发,试画出输出端 Q 的波形。设初始状态为 $Q=0$。

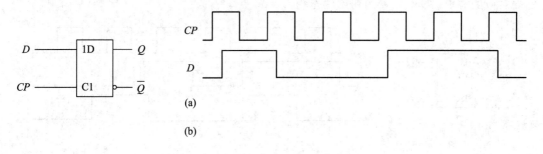

(a)

(b)

图 5-9

9. 已知 D 触发器各输入端的波形如图 5-10 所示，试画出 Q、$\overline{Q}$ 端的波形。设初始状态为 $Q=0$。

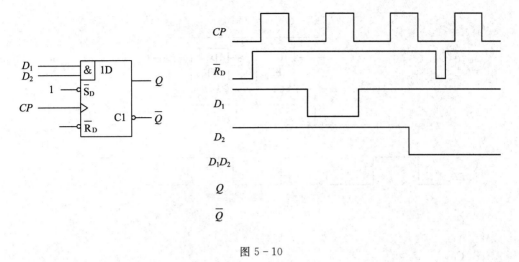

图 5-10

10. 如图 5－11(a)所示为边沿 D 触发器构成的电路图，设触发器的初始状态 $Q_1 Q_0 =$ 00，确定 Q_0 及 Q_1 在时钟脉冲作用下的波形。

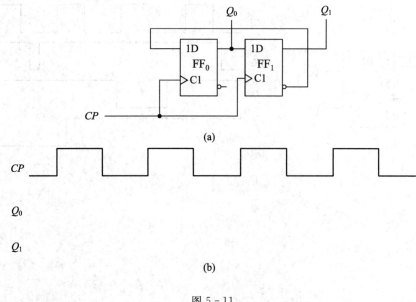

(a)

CP

Q_0

Q_1

(b)

图 5－11

11. 已知下降沿触发的 JK 触发器的输入控制端 J 和 K 及 CP 脉冲波形如图 5－12 所示，试根据它们的波形画出相应输出端 Q 的波形。（Q 的初始状态为 0）

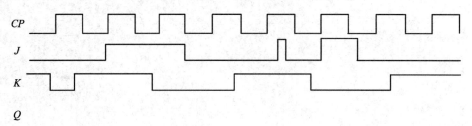

CP

J

K

Q

图 5－12

12. 写出图 5-13 所示各逻辑电路的次态方程。

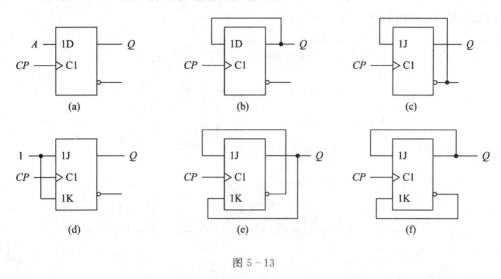

图 5-13

★13. 设 JK 触发器的初始状态为 0，触发器的触发翻转发生在时钟脉冲的下降沿，已知输入 J、K 的波形如图 5-14 所示。

（1）写出 JK 触发器的特性方程式；

（2）画出输出端 Q 的波形。

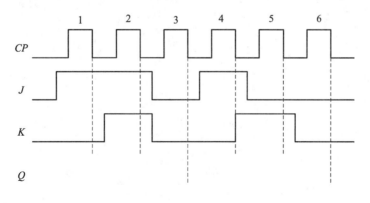

图 5-14

★14. 如图 5-15 所示为 CMOS 型 JK 触发器构成的电路,试画出电路在 *CP* 作用下 Q_A、Q_B 的波形。设初始状态为 0。

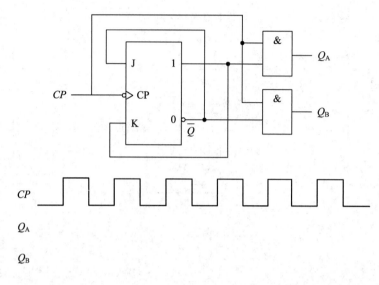

图 5-15

15. 已知由 D 触发器构成的电路如图 5 - 16(a)所示,电路的时钟 CP、A、B 波形如图 5 - 16(b)所示。要求:

(1) 写出状态方程。

(2) 说明 B 端的作用。

(3) 画出 Q 的输出波形。设触发器的初始状态为 0。

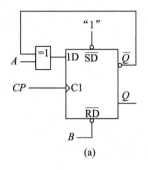

(a)

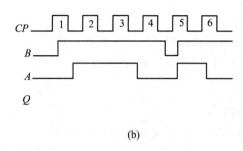

(b)

图 5 - 16

第六章　时序逻辑电路

学习要点
（1）时序逻辑电路的分析与设计方法。
（2）常用中规模时序逻辑电路的工作原理。
（3）用集成器件设计计数器。

重点及难点
重点：同步时序逻辑电路的分析和设计方法，N 进制计数器的构成方法。
难点：异步时序逻辑电路的分析和设计方法。

一、选择题

1. 同步计数器和异步计数器比较，同步计数器的显著优点是（　　）。
A. 工作速度高　　　　B. 触发器利用率高　　　C. 电路简单　　　D. 不受时钟 CP 控制

2. 把一个五进制计数器与一个四进制计数器串联可得到（　　）进制计数器。
A. 四　　　　　　　B. 五　　　　　　　　C. 九　　　　　　D. 二十

3. 下列逻辑电路中为时序逻辑电路的是（　　）。
A. 变量译码器　　　B. 加法器　　　　　　C. 数码寄存器　　D. 数据选择器

4. N 个触发器可以构成最大计数长度（进制数）为（　　）的计数器。
A. N　　　　　　　B. 2^N　　　　　　　C. N^2　　　　　D. $2N$

5. N 个触发器可以构成能寄存（　　）位二进制数码的寄存器。
A. $N-1$　　　　　B. N　　　　　　　C. $N+1$　　　　D. $2N$

6. 5 个 D 触发器构成环形计数器，其计数长度为（　　）。
A. 5　　　　　　　B. 10　　　　　　　C. 25　　　　　D. 32

7. 同步时序电路和异步时序电路比较，其差异在于后者（　　）。
A. 没有触发器　　　　　　　　　　B. 没有统一的时钟脉冲控制
C. 没有稳定状态　　　　　　　　　D. 输出只与内部状态有关

8. 一位 8421BCD 码计数器至少需要（　　）个触发器。
A. 3　　　　　　　B. 4　　　　　　　C. 5　　　　　　D. 10

9. 欲设计 0、1、2、3、4、5、6、7 这几个数的计数器，如果设计合理，可采用同步二进制计数器，最少应使用（　　）级触发器。
A. 2　　　　　　　B. 3　　　　　　　C. 4　　　　　　D. 8

10. 8 位移位寄存器，串行输入时经（　　）个脉冲后，8 位数码全部移入寄存器中。
A. 1　　　　　　　B. 2　　　　　　　C. 4　　　　　　D. 8

11. 用二进制异步计数器从 0 做加法，计到十进制数 178，则最少需要（　　）个触发器。

　　A. 2　　　　　B. 6　　　　　C. 7　　　　　D. 8　　　　　E. 10

12. 某电视机水平-垂直扫描发生器需要一个分频器将 31 500 Hz 的脉冲转换为 60 Hz 的脉冲，欲构成此分频器至少需要（　　）个触发器。

　　A. 10　　　　　B. 60　　　　　C. 525　　　　　D. 31 500

13. 某移位寄存器的时钟脉冲频率为 100 kHz，欲将存放在该寄存器中的数左移 8 位，完成该操作需要的时间为（　　）。

　　A. 10 μs　　　　B. 80 μs　　　　C. 100 μs　　　　D. 800 ms

14. 要产生 10 个顺序脉冲，若用四位双向移位寄存器 CT74LS194 来实现，则需要（　　）片。

　　A. 3　　　　　B. 4　　　　　C. 5　　　　　D. 10

15. 若要设计一个计数型脉冲序列为 1101001110 的序列脉冲发生器，应选用（　　）个触发器。

　　A. 2　　　　　B. 3　　　　　C. 4　　　　　D. 10

16. 用 n 个触发器组成计数器，其最大计数模为（　　）。

　　A. n　　　　　B. $2n$　　　　　C. n^2　　　　　D. 2^n

17. 一个 5 位的二进制加计数器，由 00000 状态开始，经过 75 个时钟脉冲后，此计数器的状态为（　　）。

　　A. 01011　　　　B. 01100　　　　C. 01010　　　　D. 00111

18. 图 6-1 所示为某计数器的时序图，由此可判定该计数器为（　　）。

　　A. 十进制计数器　　B. 九进制计数器　　　C. 四进制计数器　　　D. 八进制计数器

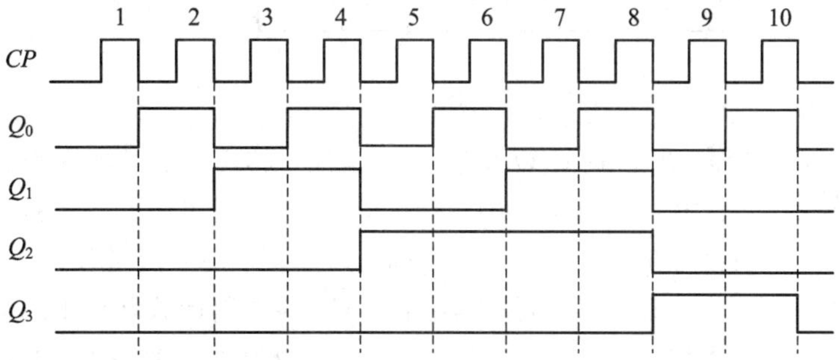

图 6-1

19. 74LS191 是具有异步置数的逻辑功能的加减计数器，电路如图 6-2 所示，其功能表如表 6-1 所示，已知电路的当前状态 $Q_3Q_2Q_1Q_0$ 为 1100。请问在时钟作用下，电路的下一状态 $Q_3Q_2Q_1Q_0$ 为（　　）。

　　A. 1100　　　　B. 1011　　　　C. 1101　　　　D. 0000

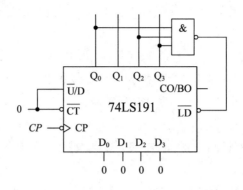

图 6 - 2

表 6 - 1　74LS191 加减计数器功能表

$\overline{LD}$	$\overline{CT}$	$\overline{U}/D$	CP	D_0	D_1	D_2	D_3	Q_0	Q_1	Q_2	Q_3
0	×	×	×	d_0	d_1	d_2	d_3	d_0	d_1	d_2	d_3
1	0	0	↑	×	×	×	×	加	法	计	数
1	0	1	↑	×	×	×	×	减	法	计	数
1	1	×	×	×	×	×	×	保		持	

20. 图 6 - 3 所示电路的功能为(　　　)。

A. 并行寄存器　　　B. 移位寄存器　　　　　C. 计数器　　　　D. 序列信号发生器

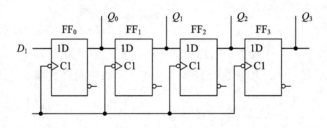

图 6 - 3

21. 4 位移位寄存器,现态 $Q_0Q_1Q_2Q_3$ 为 1100,经左移 1 位后其次态为(　　　)。

A. 0011 或 1011　　B. 1000 或 1001　　C. 1011 或 1110　D. 0011 或 1111

22. 现欲将一个数据串延时 4 个 CP 的时间,则最简单的办法是采用(　　　)。

A. 4 位并行寄存器　　B. 4 位移位寄存器　　C. 四进制计数器　　D. 4 位加法器

23. 一个 4 位串行数据,输入 4 位移位寄存器,时钟脉冲频率为 1 kHz,经过(　　　)可转换为 4 位并行数据输出。

A. 8 ms　　　　　　B. 4 ms　　　　　　C. 8 μs　　　　　D. 4 μs

24. 由 3 级触发器构成的环形和扭环形计数器的计数模值依次为(　　　)。

A. 8 和 8　　　　　B. 6 和 3　　　　　C. 6 和 8　　　　D. 3 和 6

25. 基于两片 74161 级联,高位、低位输出分别为 $Q_{23}Q_{22}Q_{21}Q_{20}$、$Q_{13}Q_{12}Q_{11}Q_{10}$,采用清零法设计模值为十七的计数器,则反馈状态 $Q_{23}Q_{22}Q_{21}Q_{20}Q_{13}Q_{12}Q_{11}Q_{10}$ 是(　　　)。

A. 00010000　　　B. 00010001　　　C. 00010110　　　D. 00010111

26. 基于两片 74160 级联，高位、低位输出分别为 $Q_{23}Q_{22}Q_{21}Q_{20}$、$Q_{13}Q_{12}Q_{11}Q_{10}$，采用清零法设计模值为十七的计数器，则反馈状态 $Q_{23}Q_{22}Q_{21}Q_{20}Q_{13}Q_{12}Q_{11}Q_{10}$ 是（　　）。

    A. 00010000　　B. 00010001　　C. 00010110　　D. 00010111

27. 基于 74161，采用清零法设计模值为六的计数器，则反馈状态 $Q_3Q_2Q_1Q_0$ 是（　　）。

    A. 0100　　B. 0101　　C. 0110　　D. 1010

28. 基于 74161，采用清零法设计模值为十二的计数器，则反馈状态 $Q_3Q_2Q_1Q_0$ 是（　　）。

    A. 0100　　B. 1010　　C. 1011　　D. 1100

29. 在下列器件中，不属于时序逻辑电路的是（　　）。

    A. 计数器　　B. 移位寄存器　　C. 全加器　　D. 序列信号检测器

30. 同步十六进制计数器的借位 $B=\overline{Q_3Q_2Q_1Q_0}$，则 B 的周期和正脉冲宽度分别为（　　）。

    A. 16 个 CP 周期和 2 个 CP 周期　　　　B. 16 个 CP 周期和 1 个 CP 周期

    C. 8 个 CP 周期和 8 个 CP 周期　　　　D. 8 个 CP 周期和 4 个 CP 周期

31. 一个三进制计数器和一个八进制计数器串接起来后最大计数值为（　　）。

    A. 5　　B. 19　　C. 23　　D. 31

32. 由 4 个触发器组成的计数器，状态利用率最高的是（　　）。

    A. 十进制计数器　　B. 扭环形计数器　　C. 环形计数器　　D. 二进制计数器

33. 由两个模数分别为 M、N 的计数器级联成的计数器，其总的模数为（　　）。

    A. $M+N$　　B. $M-N$　　C. $M \times N$　　D. M/N

34. 当由上升沿 D 触发器构成左移位寄存器时，最右端触发器 D 端接左移串行输入数据，其他触发器 D 端应接（　　）。

    A. 相邻左端触发器 Q 端　　　　　　　B. 相邻左端触发器 Q 非端

    C. 相邻右端触发器 Q 端　　　　　　　D. 相邻右端触发器 Q 非端

35. 当由上升沿 D 触发器构成异步二进制减法计数器时，最低位触发器 CP 端接时钟脉冲，其他各触发器 CP 端应接（　　）。

    A. 相邻低位触发器 Q 端　　　　　　　B. 相邻低位触发器 Q 非端

    C. 相邻高位触发器 Q 端　　　　　　　D. 相邻高位触发器 Q 非端

二、判断题（正确的打"√"，错误的打"×"）

1. 同步时序电路由组合电路和存储器两部分组成。（　　）

2. 组合电路不含有记忆功能的器件。（　　）

3. 时序电路不含有记忆功能的器件。（　　）

4. 同步时序电路具有统一的时钟 CP 控制。（　　）

5. 异步时序电路的各级触发器类型不同。（　　）

6. 环形计数器在每个时钟脉冲 CP 的作用时，仅有一位触发器发生状态更新。（　　）

7. 环形计数器如果不作自启动修改，则总有孤立状态存在。（　　）

8. 计数器的模是指构成计数器的触发器的个数。（　　）

9. 计数器的模是指对输入的计数脉冲的个数。（　　）

10. D 触发器的特征方程 $Q^{n+1}=D$，而与 Q^n 无关，所以 D 触发器不是时序电路。（　　）

11. 在同步时序电路的设计中，若最简状态表中的状态数为 2^N，而又是用 N 级触发器来实现其电路，则不需检查电路的自启动性。（　　）

12. 把一个五进制计数器与一个十进制计数器级联可得到十五进制计数器。（　　）

13. 同步二进制计数器的电路比异步二进制计数器复杂，所以实际应用中较少使用同步二进制计数器。（　　）

14. 利用反馈归零法获得 N 进制计数器时，若为异步置零方式，则状态 SN 只是短暂的过渡状态，不能稳定而是立刻变为 0 状态。（　　）

15. 15 级触发器若构成扭环形计数器，则其模值为 25。（　　）

16. 5 级触发器若构成环形计数器，其模值为 5。（　　）

17. 由 8 个触发器构成扭环形计数器，它的计数状态为 16 个。（　　）

18. 由 8 级触发器构成的寄存器可以存入 8 位二进制代码。（　　）

19. 由 12 级触发器构成的十进制计数器模值为 100。（　　）

20. 移位寄存器有左移位、右移位、双向移位和环形移位等类型。（　　）

21. 二-五-十进制计数器可通过不同的连接方法来改变它的模值。（　　）

22. 一个四位 8421BCD 码十进制加法计数器，若初始状态为 0000，输入第 27 个 CP 脉冲后，计数器状态为 0111。（　　）

23. 集成四位同步二进制加法计数器 74LS161 有 4 个数据输入端 $D_0 \sim D_3$，可用来预置数。（　　）

24. 集成四位同步二进制加法计数器 74LS161 有 EP 和 ET 两个使能端，当它们全取 1 时电路进入计数状态。（　　）

25. 集成四位同步二进制加法计数器 74LS161 有计数和清零两种功能。（　　）

26. 集成四位同步二进制加法计数器 74LS161 计数时，每接收 16 个 CP 脉冲，会使进位端 C 发出 1 个脉冲信号。（　　）

27. 集成四位同步二进制加法计数器 74LS161 的模值为 10。（　　）

28. 集成四位同步二进制加法计数器 74LS161 可以改接计数器的模值为 2 至 15。（　　）

29. 集成四位同步二进制加法计数器 74LS161 采用置数法来改接成其他进制计数器时，由于置数端是同步的，所以预置数时对应的状态是计数循环中的一个稳定状态。（　　）

30. 集成四位同步二进制加法计数器 74LS161 改接成 N 进制计数器，主要是通过计数到某一值时使计数器改变到一个特定的状态，从而使计数循环中减少了 $16 - N$ 个状态来实现的。（　　）

31. 集成四位同步二进制加法计数器 74LS161 采用清零法来改接成其他进制计数器时，由于清零是同步的，所以清零前对应的状态是计数循环中的一个稳定的状态。（　　）

32. 集成四位同步二进制加法计数器 74LS161 有一个数据清零控制端 $\overline{R}_D$，当它的值为 0 时，可进行异步清零。（　　）

33. 集成四位同步二进制加法计数器 74LS161 有一个数据置数控制端 $\overline{L}_D$，当它的值为 0 时，可进行异步置数。（　　）

34. 4 位二进制计数器是一个十五分频电路。（　　）

35. 同步计数器和异步计数器级联后仍为同步计数器。（　　）

三、填空题

1. 寄存器按照功能不同可分为_____寄存器和_____寄存器两类。

2. 数字电路按照是否有记忆功能通常可分为_____、_____两类。

3. 由四位移位寄存器构成的顺序脉冲发生器可产生_____个顺序脉冲。

4. 时序逻辑电路按照其触发器是否有统一的时钟控制分为_____时序电路和_____时序电路。

5. 由 D 触发器组成的四位数码寄存器，清零后，输出端 $Q_3Q_2Q_1Q_0 =$_____，若输入端 $D_3D_2D_1D_0 = 1001$，当 CP 有效沿出现时，输出端 $Q_3Q_2Q_1Q_0 =$_____。

6. 由 4 级触发器构成的寄存器可以存入_____位二进制代码。

7. 通过级联方法，把 3 片 4 位十进制计数器 74LS160 连接成为 12 位十进制计数器后，其最大模值是_____。

8. 用有限状态机方法设计序列信号检测器时，如果被检测的序列信号的序列长度是 7 位，则用于表示该电路的最简原始状态转换图的状态个数是_____个。

9. N 级环形计数器的计数长度是_____。

10. N 级扭环形计数器的计数长度是_____。

11. 4 级扭环形计数器的状态利用率是_____。

12. 双向移位寄存器可通过控制端来控制寄存器的_____。

13. 移位寄存器的主要功能有保存数据、实现数据的串/并间的相互转换和构成_____型计数器。

14. 一般的集成计数器的模值是固定的，但可以用_____法和预置数法来改变它们的模值。

15. 时序逻辑电路由_____电路和_____电路两部分组成，其中_____电路必不可少。

16. 描述同步时序逻辑电路的三组方程分别是_____、_____、_____。

17. 在同步时序逻辑电路中，所有触发器的_____端都连在一起接同一个_____信号源；在异步时序逻辑电路中，不是所有触发器的_____端都连在同一个_____信号源。

18. 在计时器中，循环工作的状态称为_____，若进入无效状态，继续输入时钟脉冲后，能_____，称为能自启动。

19. 集成计数器的清零方式分为_____和_____；置数方式分为_____和

_____。因此，集成计数器构成任意进制计数器的方法有_____和_____两种。

20. 由 4 个触发器组成的_____位二进制加法计数器共有_____个有效计数状态，其最大计数值为_____。

21. 3.2 MHz 的脉冲信号经一级 10 分频后输出为_____，再经一级 8 分频后输出为_____，最后经 16 分频后输出_____。

22. 用以暂时存放数码的数字逻辑部件称为_____，根据其作用的不同可分为_____、_____两大类。

23. 四位移位寄存器可寄存_____个数码，如将这些数码全部从串行输出端输出，需输入_____个移位脉冲。

24. _____用来产生一组按照事先规定的顺序脉冲。

25. 一般地说，模值相同的同步计数器比异步计数器的结构_____。

四、分析题

1. 试分析图 6-4 所示时序逻辑电路的逻辑功能。

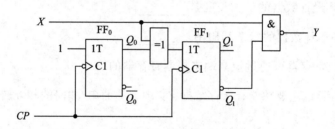

图 6-4

2. 写出图 6－5 电路的驱动方程、状态方程和输出方程。

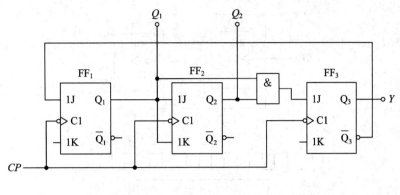

图 6－5

3. 试分析图 6－6 所示时序逻辑电路的逻辑功能。

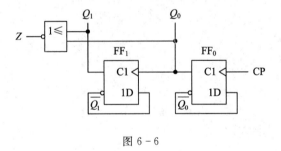

图 6－6

4. 输入信号波形如图 6-7 所示，试画出电路对应的输出 Q_2、Q_1 的波形图。

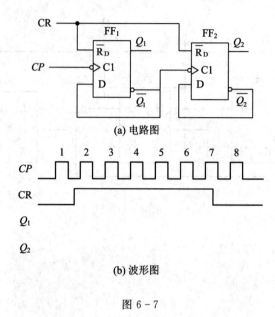

(a) 电路图

(b) 波形图

图 6-7

5. 试分析图 6-8 所示时序逻辑电路的逻辑功能。

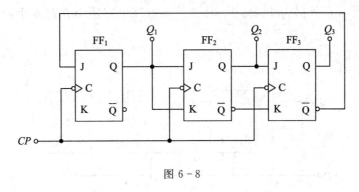

图 6-8

6. 已知计数器的输出端 Q_2、Q_1、Q_0 的输出波形如图 6-9 所示，试画出对应的状态图，并分析该计数器为几进制计数器。

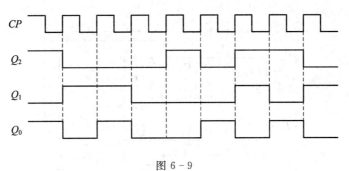

图 6-9

7. 分析图 6-10 时序电路的逻辑功能,假设电路初态为 000,如果在 CP 的前 6 个脉冲内,D 端依次输入数据为 1、0、1、0、0、1,则该电路输出在此 6 个脉冲内是如何变化的?

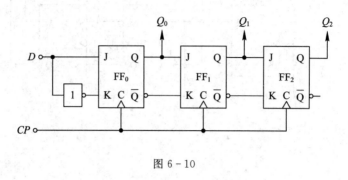

图 6-10

8. 分析图 6-11 计数器电路,说明这是多少进制的计数器,并画出对应的状态转换图。

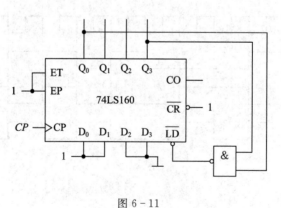

图 6-11

9. 分析图 6-12 所示的 Mealy 型时序电路，写出电路的驱动方程、状态方程和输出方程，列出电路的状态表，并画出电路的状态转换图。A 为输入逻辑变量。

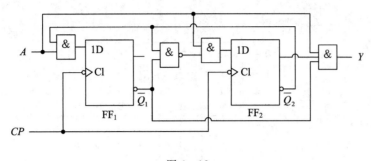

图 6-12

10. 分析图 6-13 所示的 Moore 型时序电路逻辑功能，写出电路的驱动方程、状态方程和输出方程，列出电路的状态表，并画出电路的状态转换图，说明电路能否自启动。

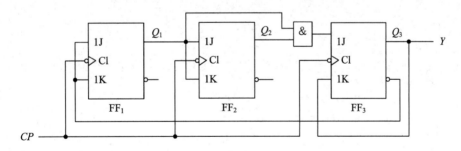

图 6-13

11. 画出图 6-14 中 F 的波形。图中，CP 为方波(不少于 16 个周期)，计数器初始状态为 0。

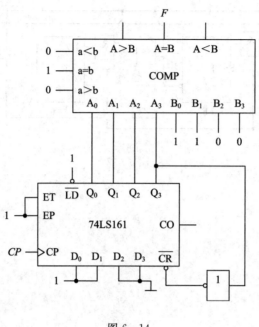

图 6-14

12. 某 74LS163 系列四位二进制同步加法计数器的功能如表 6-2 所示，Q_3 是状态输出最高位，当 $Q_3 Q_2 Q_1 Q_0 = 1111$ 时，$CO=1$，其余状态 $CO=0$。

(1) 分析图 6-15 所示电路是几进制计数器，并说明电路是否具有自启动特性；

(2) 如果 Q_3 和 D_2 之间的连线断开，试说明电路会发生什么样的变化。

表 6-2 74LS163 功能表

输 入								输 出			
CP	$\overline{CR}$	$\overline{LD}$	P	T	D	C	B	A	Q_D	Q_C	Q_B	Q_A
↑	0	×	×	×	×	×	×	×	0	0	0	0
↑	1	0	×	×	d	c	b	a	d	c	b	a
↑	1	1	1	1	×	×	×	×	计数			
×	1	1	0	1	×	×	×	×	保持			
×	1	1	×	0	×	×	×	×	保持，$CO=0$			

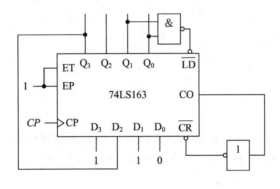

图 6-15

13. 由四位二进制计数器 74LS161 及门电路组成的时序电路如图 6-16 所示。要求：

(1) 分别列出 $X=0$ 和 $X=1$ 时的状态转换图；

(2) 指出该电路的功能。

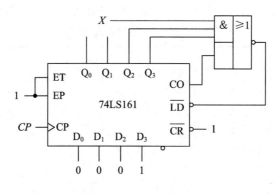

图 6-16

14. 如图 6-17 所示为由计数器和数据选择器构成的序列信号发生器，74LS161 为四位二进制计数器，74LS151 为 8 选 1 数据选择器。请问：

(1) 74LS161 接成了几进制的计数器？

(2) 画出输出 CP、Q_0、Q_1、Q_2、L 的波形。

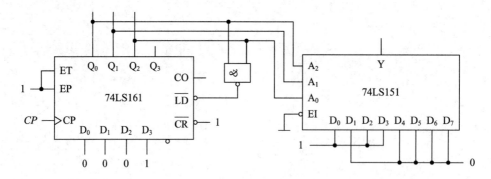

图 6-17

15. 两片 74LS161 接成图 6-18 所示电路，分析该电路的分频比 $N = f_Z : f_{CP}$ 是多少？

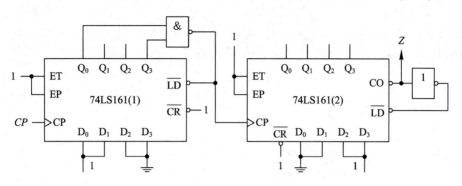

图 6-18

16. 由 74LS194(四位双向移位寄存器)和 74LS138(三线八线译码器)构成的电路如图 6-19 所示,分析该电路。

(1) 画出 74LS194(四位双向移位寄存器)的状态转移图(起始状态为 0110)。表 6-3 为 74LS194 的功能表。

(2) 写出 74LS138(3 线 8 线译码器)输出端 Z 的最小项表达式。

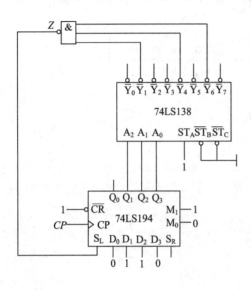

图 6-19

表 6-3 74LS194 功能表

$\overline{CR}$	M_1	M_0	CP	S_L	S_R	D_0	D_1	D_2	D_3	Q_0^{n+1}	Q_1^{n+1}	Q_2^{n+1}	Q_3^{n+1}
0	×	×	×	×	×	×	×	×	×	0	0	0	0
1	0	0	×	×	×	×	×	×	×	Q_0^n	Q_1^n	Q_2^n	Q_3^n
1	0	1	↑	×	S_R	×	×	×	×	S_R	Q_0^n	Q_1^n	Q_2^n
1	1	0	↑	S_L	×	×	×	×	×	Q_1^n	Q_2^n	Q_3^n	S_L
1	1	1	↑	×	×	d_0	d_1	d_2	d_3	d_0	d_1	d_2	d_3
1	×	×	0	×	×	×	×	×	×	Q_0^n	Q_1^n	Q_2^n	Q_3^n

17. 分析图 6-20 所示电路，画出状态转移图，并说明该电路实现的功能。表 6-4 为 74LS194 功能表。

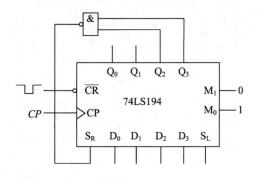

图 6-20

表 6-4 74LS194 功能表

$\overline{CR}$	M_1	M_0	CP	S_L	S_R	D_0	D_1	D_2	D_3	Q_0^{n+1}	Q_1^{n+1}	Q_2^{n+1}	Q_3^{n+1}	功能
0	×	×	×	×	×	×	×	×	×	0	0	0	0	清零
1	0	0	×	×	×	×	×	×	×	Q_0^n	Q_1^n	Q_2^n	Q_3^n	保持
1	0	1	↑	×	S_R	×	×	×	×	S_R	Q_0^n	Q_1^n	Q_2^n	右移
1	1	0	↑	S_L	×	×	×	×	×	Q_1^n	Q_2^n	Q_3^n	S_L	左移
1	1	1	↑	×	×	d_0	d_1	d_2	d_3	d_0	d_1	d_2	d_3	取样
1	×	×	0	×	×	×	×	×	×	Q_0^n	Q_1^n	Q_2^n	Q_3^n	保持

18. 已知一 Mealy 时序电路的状态表如表 6-5，试画出该电路的状态图。

表 6-5　状态表

$Q_1 Q_0$ ＼ X	$Q_1^{n+1} Q_0^n / Z$	
	0	1
00	01/0	11/1
01	10/0	00/0
10	11/0	01/0
11	00/1	10/0

19. 由 74LS194 构成的电路如图 6-21 所示，试画出该电路的状态转移图，并分析该电路可实现何功能。

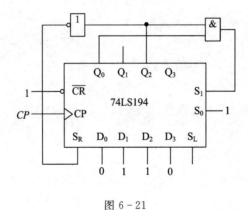

图 6-21

五、设计题

1. 试用两片 4 位二进制加法计数器 74LS161(见图 6-22)采用并行进位方式构成 8 位二进制同步加法计数器，模为 $16 \times 16 = 256$。

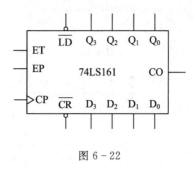

图 6-22

2. 试用 74LS161(见图 6-23)构成九进制计数器。(可采用异步清零法或同步预置数法)

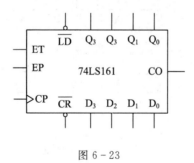

图 6-23

3. 试用集成计数器 74LS160(见图 6-24)和与非门组成五进制计数器,要求直接利用芯片的进位输出端作为该计数器的进位输出。

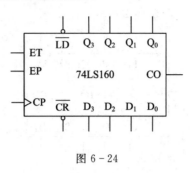

图 6-24

4. 试用集成计数器 74LS191(见图 6-25)和与非门组成余三码十进制计数器。

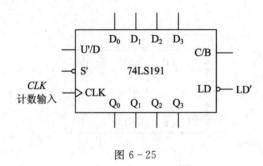

图 6-25

5. 试用集成计数器 74LS160(见图 6 - 26)和与非门组成四十八进制计数器。

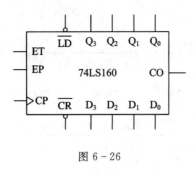

图 6 - 26

★6. 某石英晶体振荡器输出脉冲信号的频率为 32 768 Hz,用 74LS161(见图 6 - 27)组成分频器,将其分频为频率为 1 Hz 的脉冲信号。

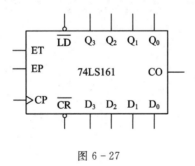

图 6 - 27

7. 试用计数器 74LS161(见图 6-28)和数据选择器 74LS151 设计一个 01100011 的序列信号发生器。

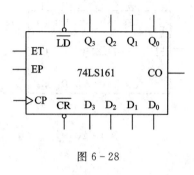

图 6-28

8. 试用 JK 触发器设计一个同步五进制加法计数器，要求电路能够自启动。

★9. 用一片 74LS161、一片 74LS151 和最少的 SSI 门器件，设计一个同步时序逻辑电路，实现图 6-29 所示输出波形 Z，并写出设计过程。

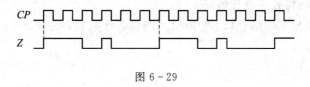

图 6-29

10. 用一片 74LS161、一片 74LS151 和最少的 SSI 门器件，设计一个序列信号产生器，所产生的循环列是 10011101001。

★11. 设计一个同步时序逻辑电路,要求:

(1) 用一片 74LS161 设计一个 $M=7$ 的计数器,要求计数器的初始状态为 10,即二进制 1010,给出状态转移表并设计电路。

(2) 用一片 74LS138,结合(1)中所设计的模 7 计数器,完成 $Z=1101001$ 的序列信号产生电路。

12. 已知某同步时序电路的状态转移及输出波形如图 6-30 所示,试用 74LS160、8 选 1 数据选择器及相应门器件设计电路。要求:

(1) 列出 $Q_2Q_1Q_0$ 与 Z 的状态转移真值表;

(2) 写出 Z 的表达式;

(3) 画出逻辑电路图。

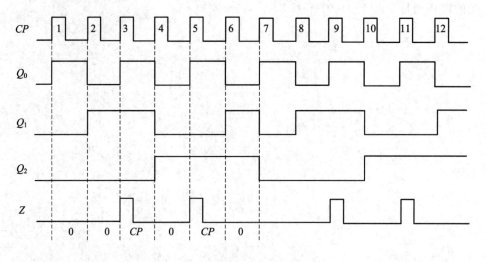

图 6-30

13. 试用 74LS161(见图 6-31)，采用置 0 法接成一个十三进制计数器，可以附加必要的门电路。

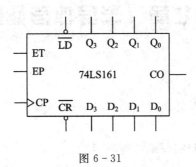

图 6-31

第七章　半导体存储器

🔍**学习要点**

（1）只读存储器（ROM）及随机存储器（RAM）的功能特点。

（2）存储器容量的扩展。

（3）用只读存储器（ROM）实现组合逻辑函数。

📝**重点及难点**

重点：存储器的结构特点、存储容量的扩展及用存储器实现组合逻辑函数。

难点：存储器容量的扩展。

一、选择题

1. 一个容量为 1K×8 的存储器有（　　）个存储单元。

A. 8　　　　　　B. 6K　　　　　　C. 8000　　　　　　D. 8192

2. 要构成容量为 4K×8 的 RAM，需要（　　）片容量为 256×4 的 RAM。

A. 2　　　　　　B. 4　　　　　　C. 8　　　　　　D. 32

3. 寻址容量为 16K×8 的 RAM 需要（　　）根地址线。

A. 4　　　　　　B. 8　　　　　　C. 14　　　　　　D. 16

4. 若 RAM 的地址码有 8 位，行、列地址译码器的输入端都为 4 个，则它们的输出线（即字线加位线）共有（　　）条。

A. 8　　　　　　B. 16　　　　　　C. 32　　　　　　D. 256

5. 某存储器具有 8 根地址线和 8 根双向数据线，则该存储器的容量为（　　）。

A. 8×3　　　　B. 8K×8　　　　　C. 256×8　　　　D. 256×256

6. 采用对称双地址结构寻址的 1024×1 的存储矩阵有（　　）。

A. 10 行 10 列　　B. 5 行 5 列　　C. 32 行 32 列　　D. 1024 行 1024 列

7. 随机存取存储器具有（　　）功能。

A. 读/写　　　　B. 无读/写　　　C. 只读　　　　D. 只写

8. 欲将容量为 128×1 的 RAM 扩展为 1024×8，则需要控制各片选端的辅助译码器的输出端数为（　　）。

A. 1　　　　　　B. 2　　　　　　C. 3　　　　　　D. 8

9. 欲将容量为 256×1 的 RAM 扩展为 1024×8，则需要控制各片选端的辅助译码器的输入端数为（　　）。

A. 4　　　　　　B. 2　　　　　　C. 3　　　　　　D. 8

10. 只读存储器 ROM 在运行时具有（　　）功能。

A. 读/无写　　　B. 无读/写　　　C. 读/写　　　　D. 无读/无写

11. 只读存储器 ROM 中的内容，当电源断掉后又接通，存储器中的内容（　　）。

A. 全部改变　　　B. 全部为 0　　　C. 不可预料　　　D. 保持不变

12. 随机存取存储器 RAM 中的内容，当电源断掉后又接通，存储器中的内容（　　）。

A. 全部改变　　　B. 全部为 1　　　C. 不确定　　　D. 保持不变

13. 一个容量为 512×1 的静态 RAM 具有（　　）。

A. 地址线 9 根，数据线 1 根　　　　　B. 地址线 1 根，数据线 9 根

C. 地址线 512 根，数据线 9 根　　　　D. 地址线 9 根，数据线 512 根

14. 用若干 RAM 实现位扩展时，其方法是将（　　）相应地并联在一起。

A. 地址线　　　B. 数据线　　　C. 片选信号线　　　D. 读/写线

15. PROM 的与阵列（地址译码器）是（　　）。

A. 全译码可编程阵列　　　　　　　B. 全译码不可编程阵列

C. 非全译码可编程阵列　　　　　　D. 非全译码不可编程阵列

16. 存取周期是指（　　）。

A. 存储器的写入时间

B. 存储器的读出时间

C. 存储器进行连续写操作允许的最短时间间隔

D. 存储器进行连续读/写操作允许的最短时间间隔

17. 下面的说法中，（　　）是正确的。

A. EPROM 是不能改写的

B. EPROM 是可改写的，所以也是一种读写存储器

C. EPROM 是可改写的，但它不能作为读写存储器

D. EPROM 只能改写一次

18. 若 256 KB 的 SRAM 具有 8 条数据线，那么它具有（　　）条地址线。

A. 10　　　B. 18　　　C. 20　　　D. 32

19. 规格为 4096×8 的存储芯片 4 片，组成的存储体容量为（　　）。

A. 4 KB　　　B. 8 KB　　　C. 16 KB　　　D. 32 KB

20. EPROM 是指（　　）。

A. 随机读写存储器　　　　　　　　B. 可编程只读存储器

C. 只读存储器　　　　　　　　　　D. 可擦除、可编程只读存储器

21. 存储器以（　　）为单位进行读写操作。

A. 字　　　B. 位　　　C. 存储单元　　　D. 以上都不对

22. 与外存储器相比，内存储器的特点是（　　）。

A. 容量大、速度快、成本低　　　　B. 容量大、速度慢、成本高

C. 容量小、速度快、成本高　　　　D. 容量小、速度快、成本低

23. 若用 6264SRAM 芯片 8K×8 位组成 128 KB 的存储器系统，需要（　　）片 6264 芯片。

A. 16　　　B. 24　　　C. 32　　　D. 64

24. 若内存容量为 64K×8，则访问内存所需地址线（　　）条。

A. 16　　　B. 20　　　C. 18　　　D. 19

25. 断电后存储的资料会丢失的存储器是(　　　)。

A. RAM　　　　　　B. ROM　　　　　　C. CD - ROM　　　　　D. 硬盘

二、判断题(正确的打"√",错误的打"×")

1. 静态随机存储器中的内容可以永久保存。(　　　)

2. Cache 是一种快速的静态 RAM,它介于 CPU 与内存之间。(　　　)

3. 寻址 256M 字节内存空间,需 28 条地址线。(　　　)

4. 无论采用何种工艺,动态 RAM 都是利用电容存储电荷的原理来保存信息的。(　　　)

5. EPROM 是指可擦除、可编程、随机读写的存储器。(　　　)

6. ROM 用作程序存储器,若容量不够,可以进行字扩展。(　　　)

7. RAM 的容量扩展可以是位扩展、字扩展或位、字同时扩展。(　　　)

8. 可编程程序存储器 E^2PROM 可以像 RAM 的一样进行随机读写。(　　　)

9. 快闪存储器兼有 ROM 和 RAM 的功能。(　　　)

10. 半导体存储器是用来存放数据、资料等二进制信息的部件。(　　　)

11. 存储器所包含的总存储单元数是指存放的字数。(　　　)

12. 存储器以位为单位进行读写操作。(　　　)

13. 用 4K×1 的存储器芯片扩展为 4K×8 的存储器系统,要采用字扩展的方式。(　　　)

14. RAM 的片选信号 $\overline{CS}$ ="0"时被禁止读写。(　　　)

15. EPROM 是采用浮置栅技术工作的可编程存储器。(　　　)

16. ROM 和 RAM 中存入的信息在电源断电后都不会丢失。(　　　)

17. 1024×1 位的 RAM 中,每个地址中只有 1 个存储单元。(　　　)

18. 可编程存储器的内部结构都存在与阵列和或阵列。(　　　)

19. 存储器字数的扩展可以利用外加译码器控制数个芯片的片选输入端来实现。(　　　)

20. 所有的半导体存储器在运行时都具有读和写的功能。(　　　)

三、填空题

1. 一片 2K×4 的 RAM 有_____条地址线和_____条位线。

2. 16K×8 的存储芯片有_____根地址线,用它构成 64K 空间的存储器共需芯片_____片。

3. 随机存储器 RAM 主要包括_____和_____两大类。

4. 构成 64K×8 的存储系统,需 8K×1 的芯片_____片。

5. 某 RAM 芯片的存储容量是 8K×8 bit,则该芯片引脚中有_____根地址线和_____根数据线。若已知某半导体存储器芯片 SRAM 的引脚中有 14 根地址线和 8 根数据线,那么其存储容量应为_____。

6. 某 RAM 芯片的存储容量是 4K×8 位,该芯片引脚中有_____根地址线和_____根数据线。

7. 用 2K×8 的 SRAM 芯片组成 32K×16 的存储器,共需 SRAM 芯片_____片,产生片选信号的地址至少需要_____位。

8. ROM 在使用中只能_____数据，存储在 ROM 中的数据_____因为系统断电而丢失。

9. RAM 的存储单元为记忆单元，静态 RAM 的记忆元件是_____，动态 RAM 的记忆元件是_____。动态 RAM 的数据需定时_____才能保持。

10. 根据 ROM 和 RAM 的结构可知，ROM 属于_____，RAM 属于_____。

11. 若用 ROM 实现一位全加器，则至少需要_____条地址线和_____条数据线。

12. 一个存储矩阵有 64 行、64 列，则存储容量为_____个存储单元。

13. ROM 的存储单元作为一个开关单元，当开关元件为永久性断开时，表示存储单元存储了数据_____；当开关元件为可控闭合时，表示存储单元中存储了数据_____。

14. 1 KB＝_____字节，1 MB＝_____KB。

15. 半导体存储器按照存、取功能上的不同可分为_____和_____两大类。

16. 存储器的两大主要技术指标是_____和_____。

17. RAM 主要包括_____、_____和_____电路三大部分。

18. 存储器容量的扩展方法通常有_____扩展、_____扩展和_____扩展三种方式。

19. ROM 可分为掩膜式只读存储器_____、可编程只读存储器_____、可擦除可编程只读存储器_____和电擦除可编程只读存储器_____。

20. 采用 4K×4 位规格的静态 RAM 存储芯片扩展为 32K×16 位的存储器，需要这种规模的存储芯片_____片。

四、简答题

1. 某机主存储器有 14 位地址字长为 8 位。

（1）如果用 1K×4 位的 RAM 芯片构成该存储器，需要多少片芯片？

（2）该存储器能存放多少字节的信息？

（3）片选逻辑需要多少位地址？

2. 用 8K×8 位的 EPROM 芯片组成 32K×16 位的只读存储器。试问：

(1) 数据寄存器多少位？

(2) 地址寄存器多少位？

(3) 共需多少个 EPROM 芯片？

3. 在存储结构存放什么是"字"? 什么是"字长"? 如何表示存储器的容量？

4. 用 ROM 实现两个 4 位二进制相乘，试问：该 ROM 需要多少根地址线? 多少根数据线? 其存储容量为多少？

5. 动态 DRAM 为什么要进行定时刷新？EPROM 存储器芯片在没有写入信息时，各个单元的内容是什么？

6. 现有(1024B×4)RAM 集成芯片一个，该 RAM 有多少个存储单元？有多少条地址线？该 RAM 含有多少个字？其字长是多少位？访问该 RAM 时，每次会选中几个存储单元？

7. 什么是 ROM？什么是 RAM？它们的结构组成相同吗？二者的主要区别是什么？

8. 若存储器的容量为 256K×8 位,其地址线为多少位? 数据线为多少位? 若存储器的容量为 512M×8 位,其地址线又为多少位?

★9. 试用 1K×1 位的 RAM 扩展成 1K×4 位的存储器。说明需要几片如图 7-1 所示的 RAM,并画出接线图。

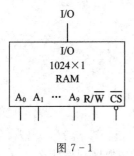

图 7-1

★10. 如图 7-2 是由或阵列构成的组合逻辑电路，试写出 Y_1、Y_2 的函数表达式，并列出真值表。

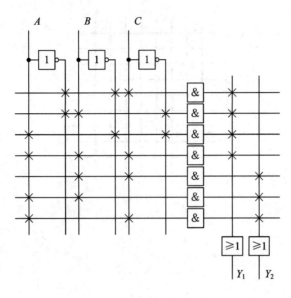

图 7-2

11. 如图 7 - 3 是由或阵列构成的组合逻辑电路，写出 F_1、F_2 的函数表达式，列出真值表并说明电路逻辑功能。

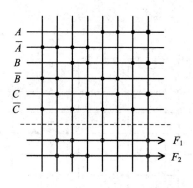

图 7 - 3

第八章　可编程逻辑器件

🔍**学习要点**

（1）各种可编程逻辑器件的结构和性能特点。

（2）用可编程逻辑器件设计数字电路。

📝**重点及难点**

重点：（1）各种可编程逻辑器件的结构和性能特点。

　　　　（2）用可编程逻辑器件设计数字电路。

难点：各种可编程逻辑器件的结构和工作原理。

一、选择题

1. PAL 与 PROM、EPROM 之间的区别是（　　　）。

A. PAL 的与阵列可充分利用

B. PAL 可实现组合和时序逻辑电路

C. PROM 和 EPROM 可实现任何形式的组合逻辑电路

2. 具有一个可编程的与阵列和一个固定的或阵列的 PLD 为（　　　）。

A. PROM　　　　　　　　　B. PAL　　　　　　　　　C. PAL

3. 一个三态缓冲器的三种输出状态为（　　　）。

A. 高电平、低电平、接地

B. 高电平、低电平、高阻态

C. 高电平、低电平、中间状态

4. GAL 具有（　　　）。

A. 一个可编程的与阵列、一个固定的或阵列和可编程输出逻辑

B. 一个固定的与阵列和一个可编程的或阵列

C. 一次性可编程与或阵列

D. 可编程的与或阵列

5. GAL16V8 具有（　　　）。

A. 16 个专用输入和 8 个输出　　　　　　　　B. 8 个专用输入和 8 个输出

C. 8 个专用输入和 8 个输入/输出　　　　　　D. 10 个专用输入和 8 个输出

6. 如果 1 个 GAL16V8 需要 10 个输入，那么，其输出端的个数最多是（　　　）。

A. 8 个　　　　　　　　　B. 6 个　　　　　　　　　C. 4 个

7. 若用 GAL16V8 的一个输出端来实现组合逻辑函数，那么此函数可以是（　　　）与项之和的表达式。

A. 8 个　　　　　　　　　B. 6 个　　　　　　　　　C. 4 个

8. ISP 线表示(　　)。

A. 在系统编程　　　　　　B. 集成系统编程　　　　C. 集成硅片程序编制器

9. CPLD 表示(　　)。

A. 简单可编程逻辑阵列　　　　　　　　　　B. 可编程交互连接阵列

C. 复杂可编程逻辑阵列　　　　　　　　　　D. 现场可编程逻辑阵列

10. FPGA 是(　　)。

A. 快速可编程门阵列　　　　　　　　　　　B. 现场可编程门阵列

C. 文档可编程门阵列　　　　　　　　　　　D. 复杂可编程门阵列

11. FPGA 是采用(　　)技术实现互连的。

A. 熔丝　　　　　B. CMOS　　　　C. EECMOS　　　　D. SRAM 阵列

12. PLD 的开发需要有(　　)的支持。

A. 快速可编程门阵列　　　　　　　B. 现场可编程门阵列

C. 文档可编程门阵列　　　　　　　D. 复杂可编程门阵列

二、填空题

1. PAL 的常用输出结构有_____、_____、_____和_____4 种。

2. 字母 PAL 代表_____。

3. 查阅资料,确定下面各 PAL 器件的输入端个数、输出端个数及输出类型。

(1) PAL12H6：_____,_____,_____。

(2) PAL20P8：_____,_____,_____。

(3) PAL16L8：_____,_____,_____。

4. GAL16V8 具有_____种工作模式。

5. GAL16V8 在简单模式工作下,有_____种不同的 OLMC 配置;在寄存器模式工作下,有_____种不同的 OLMC 配置;在复杂模式工作下,有_____种不同的 OLMC 配置。

6. PLD 器件的设计一般可分为_____、_____和_____三个步骤,以及_____、_____和_____三个设计验证过程。

三、简答题

1. PAL 器件和 ROM 的区别是什么?

2. 怎样用 PAL 实现任意组合逻辑函数？用 PAL 实现任意组合逻辑函数有什么限制？

3. GAL 和 PAL 之间的主要区别是什么？GAL 和 PAL 相比有什么优越性？

4. GAL 器件的 OLMC 有哪几种工作模式？

5. 与 GAL 相比 CPLD 有哪些不同？

6. CPLD 的基本结构包含哪些内容？

7. ISP 的含义是什么? 在 CPLD 中是怎样实现 ISP 的?

8. FPGA 与 CPLD 有何不同? FPGA 的基本结构包含哪些方面?

9. FPGA 有哪几种配置方式？它们各自的特点是什么？

10. 当字数和位数均不够用时，应该怎样扩展存储器的存储容量？

第九章　脉冲单元电路

学习要点

(1) 施密特触发器、单稳态触发器以及多谐振荡器的功能特点及主要用途。

(2) 555 定时器的工作原理及应用。

重点及难点

重点：施密特触发器、单稳态触发器、多谐振荡器以及 555 定时器的工作原理及其各种计算。

难点：555 定时器电路中电容充电、放电及定时的过程。

一、选择题

1. 脉冲整形电路有(　　)。

A. 多谐振荡器　　　B. 单稳态触发器　　　C. 施密特触发器　　　D. 555 定时器

2. 多谐振荡器可产生(　　)。

A. 正弦波　　　　　B. 矩形脉冲　　　　　C. 三角波　　　　　　D. 锯齿波

3. 石英晶体多谐振荡器的突出优点是(　　)。

A. 速度高　　　　　　　　　　　　　B. 电路简单

C. 振荡频率稳定　　　　　　　　　　D. 输出波形边沿陡峭

4. 用 555 定时器组成施密特触发器，当输入控制端 CO 外接 10 V 电压时，回差电压为(　　)。

A. 3.33 V　　　　　B. 5 V　　　　　　C. 6.66 V　　　　　D. 10 V

5. 以下各电路中，(　　)可以产生脉冲定时。

A. 多谐振荡器　　　　　　　　　　　B. 单稳态触发器

C. 施密特触发器　　　　　　　　　　D. 石英晶体多谐振荡器

6. 由 555 定时器构成的单稳态触发器，其输出脉冲宽度取决于(　　)。

A. 电源电压　　　　　　　　　　　　B. 触发信号幅度

C. 触发信号宽度　　　　　　　　　　D. 外接 R、C 的数值

7. 由 555 定时器构成的电路如图 9-1 所示，该电路的名称是(　　)。

A. 单稳态触发器　　　B. 施密特触发器　　　C. 多谐振荡器　　　D. RS 触发器

8. 能将正弦波变成同频率矩形波的电路为(　　)。

A. 稳态触发器　　　　B. 施密特触发器　　　C. 双稳态触发器　　　D. 无稳态触发器

9. 为方便地构成单稳态触发器，应采用(　　)。

A. DAC　　　　　　B. ADC　　　　　　C. 施密特触发器　　　D. JK 触发器

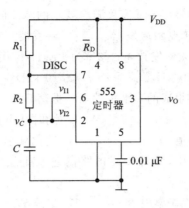

图 9 - 1

10. 鉴别脉冲信号幅度时,应采用(　　)。

A. 稳态触发器　　B. 双稳态触发器　　C. 多谐振荡器　　D. 施密特触发器

11. 输入 2 kHz 矩形脉冲信号时,欲得到 500 Hz 矩形脉冲信号输出,应采用(　　)。

A. 多谐振荡器　　B. 施密特触发器　　C. 单稳态触发器　　D. 二进制计数器

12. 单稳态触发器的主要用途是(　　)。

A. 整形、延时、鉴幅　　　　　　　　B. 延时、定时、存储

C. 延时、定时、整形　　　　　　　　D. 整形、鉴幅、定时

13. 为了将正弦信号转换成与之频率相同的脉冲信号,可采用(　　)。

A. 多谐振荡器　　B. 移位寄存器　　C. 单稳态触发器　　D. 施密特触发器

14. 将三角波变换为矩形波,需选用(　　)。

A. 单稳态触发器　　B. 施密特触发器　　C. 多谐振荡器　　D. 双稳态触发器

15. 已知某电路的输入、输出波形如图 9-2 所示,则该电路可能为(　　)。

A. 多谐振荡器　　B. 双稳态触发器　　C. 单稳态触发器　　D. 施密特触发器

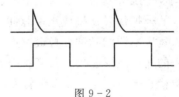

图 9 - 2

16. 555 定时器不能组成(　　)。

A. 多谐振荡器　　B. 单稳态触发器　　C. 施密特触发器　　D. JK 触发器

17. 滞后性是(　　)的基本特性。

A. 多谐振荡器　　B. 施密特触发器　　C. T 触发器　　　D. 单稳态触发器

18. 施密特触发器用于整形时,输入信号最大幅度应(　　)。

A. 大于 UT+　　B. 小于 UT+　　C. 大于 UT-　　D. 小于 UT-

19. 单稳态触发器输出的脉冲宽度的时间为(　　)。

A. 稳态时间　　　　　　　　　　　　B. 暂稳态时间

C. 暂稳态时间的 0.7 倍　　　　　　　D. 暂稳态和稳态的时间和

20. 当宽度不等的脉冲信号变换成宽度符合要求的脉冲信号时,应采用(　　　)。

A. 单稳态触发器　　B. 施密特触发器　　　C. 触发器　　　　　　D. 多谐振荡器

21. 如果单稳态触发器输入触发脉冲的频率为 10 kHz,则输出的脉冲的频率为(　　　)。

A. 5 kHz　　　　　　B. 10 kHz　　　　　　C. 20 kHz　　　　　　D. 40 kHz

22. 为了提高 555 定时器组成的多谐振荡器的振荡频率,外接 R、C 应为(　　　)。

A. 同时增大 R、C 值　　　　　　　　　B. 同时减小 R、C 的值

C. 同比增大 R 值减小 C 值　　　　　　D. 同比减小 R 值增大 C 值

23. 在集成单稳态触发器中,如果要求电路在进入暂稳态的期间可再次被触发,应选用(　　　)。

A. 555 定时器组成的单稳态触发器　　　B. 集成单稳态触发器 CT74121

C. 集成单稳态触发器 CT74HC121　　　　D. 改变单稳态触发器的 R 和 C 值

24. 施密特触发器常用于对脉冲波形的(　　　)。

A. 定时　　　　　　　B. 计数　　　　　　　C. 整形　　　　　　　D. 延时

二、判断题(正确的打"√",错误的打"×")

1. 施密特触发器可用于将三角波变换成正弦波。(　　　)

2. 施密特触发器有两个稳态。(　　　)

3. 多谐振荡器的输出信号的周期与阻容元件的参数成正比。(　　　)

4. 石英晶体多谐振荡器的振荡频率与电路中的 R、C 成正比。(　　　)

5. 单稳态触发器的暂稳态时间与输入触发脉冲宽度成正比。(　　　)

6. 单稳态触发器的暂稳态维持时间用 t_w 表示,与电路中的 R、C 成正比。(　　　)

7. 采用不可重触发单稳态触发器时,若在触发器进入暂稳态期间再次受到触发,输出脉宽可在此前暂稳态时间的基础上再展宽 t_w。(　　　)

8. 施密特触发器的正向阈值电压一定大于负向阈值电压。(　　　)

9. 积分电路也是一个 RC 串联电路,它是从电容两端上取出输出电压的。(　　　)

10. 微分电路是一种能够将输入的矩形脉冲变换为正、负尖脉冲的波形变换电路。(　　　)

11. 施密特触发器可将输入的模拟信号变换成矩形脉冲输出。(　　　)

12. 施密特触发器可将输入宽度不同的脉冲变换成宽度符合要求的脉冲输出。(　　　)

13. 单稳态触发器可将输入的任意波形变换为长宽符合要求的脉冲输出。(　　　)

14. 在 555 定时器组成的单稳态触发器中,加大负触发脉冲的宽度可以增大输出脉冲的宽度。(　　　)

15. 单稳态触发器可以作时钟脉冲信号资源使用。(　　　)

16. 在由 555 定时器组成的多谐振荡器中,电源电压 V_{cc} 不变,当减小控制电压 V_{co} 时,振荡频率会升高。(　　　)

17. 在由 555 定时器组成的多谐振荡器中,控制电压 V_{co} 不变,当增大电源电压 V_{cc} 时,振荡频率会升高。(　　　)

18. 改变多谐振荡器外接电阻 R 和电容 C 的大小,可以改变输出脉冲的频率。(　　　)

19. 采用石英晶体多谐振荡器可以获得稳定的矩形脉冲信号。(　　　)

20. 单稳态触发器有两个暂稳态。(　　　)

三、填空题

1. 施密特触发器具有_____现象，又称_____特性；单稳触发器最重要的参数为_____。

2. 常见的脉冲产生电路有_____，常见的脉冲整形电路有_____、_____。

3. 图 9-3 是由 555 定时器构成的_____触发器，它可将缓慢变化的输入信号变换为_____。由于存在回差电压，因此该电路的_____能力提高了，回差电压约为_____。

4. 施密特触发器有_____个阈值电压，分别称作_____和_____。

5. 集成单稳触发器分为_____及_____两类。

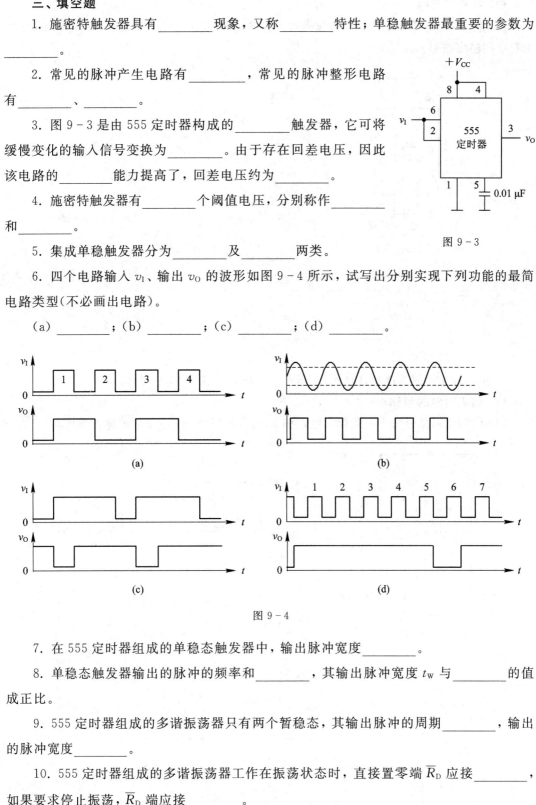

图 9-3

6. 四个电路输入 v_I、输出 v_O 的波形如图 9-4 所示，试写出分别实现下列功能的最简电路类型（不必画出电路）。

(a) _____；(b) _____；(c) _____；(d) _____。

图 9-4

7. 在 555 定时器组成的单稳态触发器中，输出脉冲宽度_____。

8. 单稳态触发器输出的脉冲的频率和_____，其输出脉冲宽度 t_W 与_____的值成正比。

9. 555 定时器组成的多谐振荡器只有两个暂稳态，其输出脉冲的周期_____，输出的脉冲宽度_____。

10. 555 定时器组成的多谐振荡器工作在振荡状态时，直接置零端 $\overline{R}_D$ 应接_____，如果要求停止振荡，$\overline{R}_D$ 端应接_____。

四、分析计算题

1. 用集成定时器 555 所构成的施密特触发器电路及输入波形 v_I 如图 9-5 所示，试画出对应的输出波形 v_O。

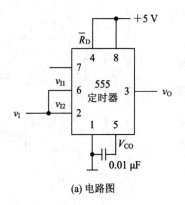

(a) 电路图

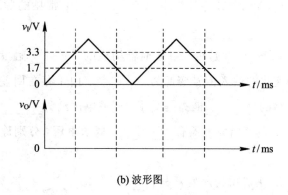

(b) 波形图

图 9-5

2. 由集成定时器 555 构成的电路如图 9-6 所示。请回答下列问题：

(1) 构成电路的名称；

(2) 已知输入信号波形 v_I，画出电路中 v_O 的波形图（标明 v_O 波形的脉冲宽度）。

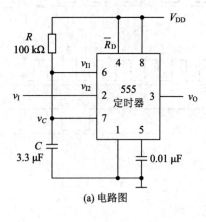

(a) 电路图

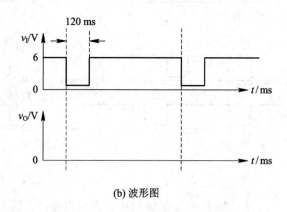

(b) 波形图

图 9-6

3. 由集成定时器 555 构成的电路如图 9-7 所示。请回答下列问题：

（1）构成电路的名称；

（2）画出电路中 v_C、v_O 的波形（标明各波形电压幅度，v_O 波形周期）。

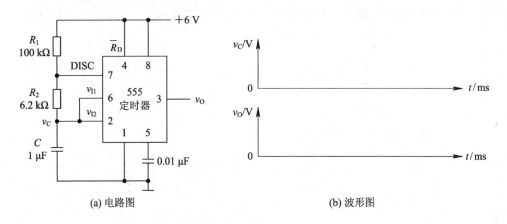

(a) 电路图　　　　　　　　　　　　(b) 波形图

图 9-7

4. 试用 555 定时器组成一个施密特触发器，要求：

（1）画出电路接线图；

（2）画出该施密特触发器的电压传输特性；

（3）若电源电压 V_{CC} 为 6 V，输入电压是以 $v_I = 6\sin\omega t\,(\text{V})$ 为包络线的单相脉动波形，试画出相应的输出电压波形。

5. 图 9-8(a)所示为由 555 定时器构成的心率失常报警电路. 经放大后的心电信号 v_I 如图 9-8(b)所示,v_I 的峰值 $V_m = 4$ V.

(1) 分别说出 555 定时器 I 和 555 定时器 II 所构成单元电路的名称;

(2) 对应 v_I 分别画出 A、B、D 三点的波形.

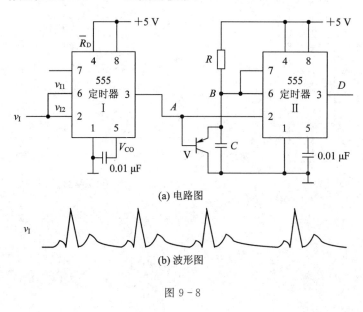

(a) 电路图

(b) 波形图

图 9-8

6. 图 9-9 所示电路是一简易触摸开关电路,当手触摸金属片时,发光二极管亮,经过一定时间,发光二极管熄灭. 试问:

(1) 555 定时器接成何种电路?

(2) 发光二极管能亮多长时间?

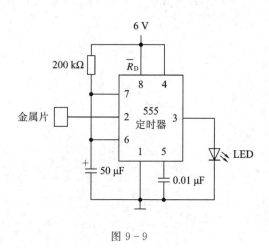

图 9-9

7. 试说明如图 9-10 所示的用 555 定时器构成的电路功能，求出 V_{T+}、V_{T-} 和 ΔV_T，并画出其输出波形。

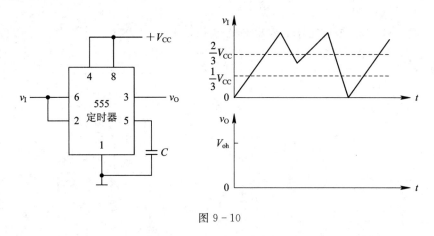

图 9-10

8. 如图 9-11 所示是一个由 555 定时器构成的防盗报警电路，a、b 两端被一细铜丝接通，此铜丝置于盗窃者必经之路，当盗窃者闯入室内将铜丝碰断后，扬声器即发出报警声。

（1）试问 555 定时器可接成何种电路？

（2）说明该防盗报警电路的工作原理。

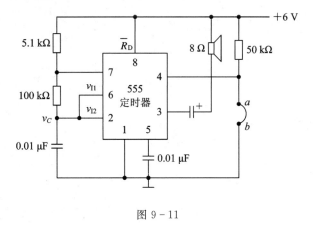

图 9-11

★9. 4位二进制加法计数器 74161 和集成单稳态触发器 74LS121 组成如图 9 - 12(a)所示电路。

(1) 分析 74161 组成电路,并画出状态图;

(2) 估算 74LS121 组成电路的输出脉宽 t_w 值;

(3) 设 CP 为方波(周期 $T \geqslant 1$ ms),在图 9 - 12(b)中画出图 9 - 12(a)中 v_I、v_O 两点的工作波形。

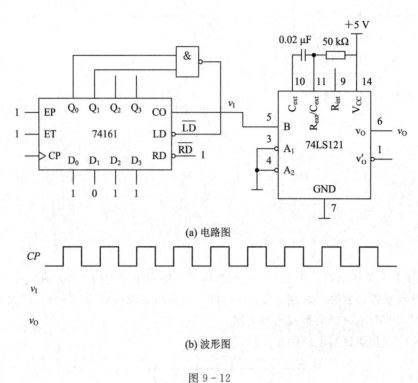

(a) 电路图

(b) 波形图

图 9 - 12

★10. 由 555 定时器和模数 $M=2^4$ 同步计数器及若干逻辑门构成的电路如图 9 - 13 所示。

（1）说明 555 定时器构成的多谐振荡器，在控制信号 A、B、C 取何值时起振工作？

（2）驱动扬声器啸叫的 Z 信号是怎样的波形？扬声器何时会啸叫？

（3）若多谐振荡器的多谐振荡器频率为 640 Hz，求电容 C 的取值。

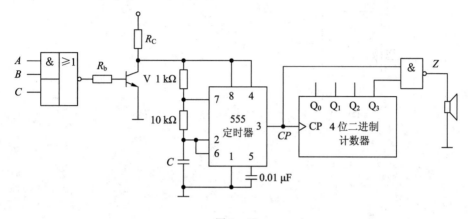

图 9 - 13

11. 由 555 定时器构成电路如图 9-14(a)所示，其中 $V_{CO}=4$ V。试回答下列问题：

(1) 说明由 555 定时器构成的电路名称；

(2) 如果输入信号 v_I 如图 9-14(b)所示，试画出电路输出 v_O 的波形。

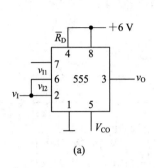
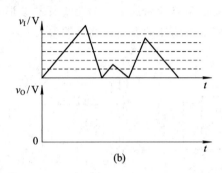

图 9-14

第十章　模数转换和数模转换

学习要点

模数转换及数模转换的工作原理及应用。

重点及难点

重点：模数转换及数模转换的工作原理、性能指标及应用。

难点：常用模数转换及数模转换电路结构的详细工作过程分析。

一、选择题

1. 一个无符号 8 位数字量输入的 DAC，其分辨率为（　　）位。

A. 1　　　　　　　　B. 3　　　　　　　　C. 4　　　　　　　　D. 8

2. 一个无符号 10 位数字输入的 DAC，其输出电平的级数为（　　）。

A. 4　　　　　　　　B. 10　　　　　　　　C. 1024　　　　　　　D. 2048

3. 一个无符号 4 位权电阻 DAC 最低位处的电阻为 40 kΩ，则最高位处电阻为（　　）。

A. 4 kΩ　　　　　　B. 5 kΩ　　　　　　　C. 10 kΩ　　　　　　D. 20 kΩ

4. 4 位倒 T 形电阻网络 DAC 的电阻网络的电阻取值有（　　）种。

A. 1　　　　　　　　B. 2　　　　　　　　C. 4　　　　　　　　D. 8

5. 为使采样输出信号不失真地代表输入模拟信号，采样频率 f_s 和输入模拟信号的最高频率 f_{axlm} 的关系是（　　）。

A. $f_s \geqslant f_{axlm}$　　　B. $f_s \leqslant f_{axlm}$　　　C. $f_s \geqslant 2f_{axlm}$　　　D. $f_s \leqslant 2f_{axlm}$

6. 将一个时间上连续变化的模拟量转换为时间上断续离散的模拟量的过程称为（　　）。

A. 采样　　　　　　B. 量化　　　　　　　C. 保持　　　　　　D. 编码

7. 用二进制码表示指定离散电平的过程称为（　　）。

A. 采样　　　　　　B. 量化　　　　　　　C. 保持　　　　　　D. 编码

8. 将幅值上、时间上离散的阶梯电平统一归并到最邻近的指定电平的过程称为（　　）。

A. 采样　　　　　　B. 量化　　　　　　　C. 保持　　　　　　D. 编码

9. 若某 ADC 取量化单位 $\Delta = 81 R_{EFV}$，并规定对于输入电压 U_I 在 $0 \leqslant U_I < \frac{1}{8}V_{REF}$ 时，认为输入的模拟电压为 0 V，输出的二进制数为 000，则 $\frac{5}{8}V_{REF} \leqslant U_I < \frac{6}{8}V_{REF}$ 时，输出的二进制数为（　　）。

A. 001　　　　　　B. 101　　　　　　　C. 110　　　　　　D. 111

10. 以下四种转换器中，（　　）是 A/D 转换器且转换速度最高。

A. 并联比较型　　　B. 逐次逼近型　　　C. 双积分型　　　D. 施密特触发器

11. 当 8 位 D/A 转换器输入数字量只有最低位为 1 时，输出电压为 0.02 V；若输入数字量只有最高位为 1 时，则输出电压为（　　）V。

A. 0.039　　　　　　B. 2.56　　　　　　C. 1.27　　　　　　D. 都不是

12. D/A 转换器的主要参数有（　　）、转换精度和转换速度。

A. 分辨率　　　　　B. 输入电阻　　　　　C. 输出电阻　　　　　D. 参考电压

13. 图 10 - 1 所示 R - 2R 网络型 D/A 转换器的转换公式为（　　）。

A. $v_O = -\dfrac{V_{REF}}{2^3} \sum\limits_{i=0}^{3} D_i \times 2^i$　　　　　　B. $v_O = -\dfrac{2}{3} \dfrac{V_{REF}}{2^4} \sum\limits_{i=0}^{3} D_i \times 2^i$

C. $v_O = -\dfrac{V_{REF}}{2^4} \sum\limits_{i=0}^{3} D_i \times 2^i$　　　　　　D. $v_O = \dfrac{V_{REF}}{2^4} \sum\limits_{i=0}^{3} D_i \times 2^i$

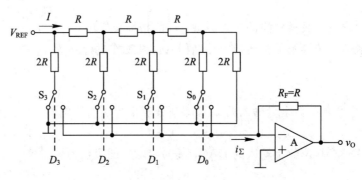

图 10 - 1

14. 将模拟信号转换为数字信号，应选用（　　）。

A. DAC 电路　　　　B. ADC 电路　　　　C. 译码器　　　　D. 多路选择器

15. DAC 的功能是（　　）。

A. 将模拟信号转换成数字信号　　　　　　B. 将数字信号转换成模拟信号

C. 将二进制转换成十进制　　　　　　　　D. 将 BCD 码转换成二进制数

二、判断题（正确的打"√"，错误的打"×"）

1. 权电阻网络 D/A 转换器的电路简单且便于集成工艺制造，因此被广泛使用。（　　）

2. D/A 转换器的最大输出电压的绝对值可达到基准电压 V_{REF}。（　　）

3. D/A 转换器的位数越多，能够分辨的最小输出电压变化量就越小。（　　）

4. D/A 转换器的位数越多转换精度越高。（　　）

5. A/D 转换器的二进制数的位数越多量化单位 Δ 越小。（　　）

6. A/D 转换过程中必然会出现量化误差。（　　）

7. A/D 转换器二进制数的位数越多，量化级分得越多，量化误差就可以减小到 0。（　　）

8. 一个 N 位逐次逼近型 A/D 转换器完成一次转换要进行 N 次比较，需要 N+2 个时钟脉冲。（　　）

9. 双积分型 A/D 转换器的转换精度高、抗干扰能力强，因此常用于数字式仪表中。（　　）

10. 采样定理的规定是为了能不失真地恢复原模拟信号，而又不使电路过于复杂。（　　）

11. 逐次逼近型的 A/D 转换器的转换速度比双积分型的 A/D 转换器快。（　　）

12. 一个 N 位逐次逼近型 A/D 转换器完成一次转换要进行 N 次比较。（　　）

13. 双积分型的 A/D 转换器转换速度快，抗干扰能力强。（ ）

14. 数模转换器输入的数字量位数越多，数模转换的分辨率越高。（ ）

三、填空题

1. 将模拟信号转换为数字信号，需要经过_____、_____、_____和_____
四个过程。

2. A/D 转换器用以将输入的_____转换成相应的_____输出的电路。

3. 已知 D/A 转换器的最小输出电压为 10 mV，最大输出电压为 2.5 V，则应选用_____位的 D/A 转换器。

4. n 位 D/A 转换器最多有_____个不同的模拟量输出。

5. 就逐次逼近型和双积分型两种 A/D 转换器而言，_____的抗干扰能力强，_____的转换速度快。

6. A/D 转换器两个最重要的指标是_____和转换速度。

7. 某 ADC 有 8 路模拟信号输入，若 8 路正弦输入信号的频率分别为 1 kHz，2 kHz，…，8 kHz，则该 ADC 的采样频率 f_s 的取值为_____。

8. 若要求 DAC 电路的分辨率达到千分之一，则至少应选用_____位二进制输入代码的转换器。

9. 将一个最大幅值为 5.1 V 的模拟信号转换为数字信号，要求模拟信号每变化 20 mV 能使数字信号最低位 LSB 发生变化，则应选用_____位 A/D 转换器。

10. A/D 转换器中取量化单位为 Δ，把 0~10 V 的模拟电压信号转换为 3 位二进制代码，若最大量化误差为 Δ，则 Δ 的值为_____。

四、计算题

1. 在权电阻 D/A 转换器中，若 $n=6$，并选 MSB 权电阻 $R_5=10$ kΩ，试选取其他各位权电阻。

2. n 位权电阻 D/A 转换器电路如图 10 – 2 所示。

(1) 试推导输出电压 v_O 与输入数字量之间的关系式；

(2) 若 $n=8$，$V_{REF}=10$ V，当 $R_f=\dfrac{1}{2^8}R$ 时，如输入数字量为 $(20)_H$，试求输出电压值。

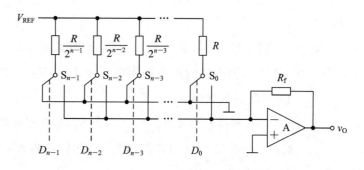

图 10 – 2

3. 某一倒 T 形电阻网络 D/A 转换器，它的 $n=10$，$V_{REF}=-5$ V，要求输出电压 $v_O=$ 4 V，试问输入二进制数应为多少？为获得 20 V 的输出电压，有人说，在其他条件不变的情况下，增加 D/A 转换器的位数即可，你认为正确吗？

4. 某一倒 T 形电阻网络 D/A 转换器中，若 $n=10$，$d_9=d_7=1$，其余位为 0，在输出端测得电压 $v_O=3.125$ V。试问：该 D/A 转换器的基准电压 V_{REF} 为多少？

5. D/A 转换器的最小分辨电压 $V_{LSB}=5$ mV，最大满刻度输出模拟电压 $V_{FSR}=10$ V。求该转换器输入二进制数字量的位数。

6. 在 10 位二进制数 D/A 转换器中，已知其最大满刻度输出模拟电压 $V_{FSR}=5$ V，求最小分辨电压 V_{LSB} 和分辨率。

7. 在要求 A/D 转换器的转换时间小于 1 μs、小于 100 μs 和小于 0.1 s 三种情况下，应各选择哪种类型的 A/D 转换器？

8. 如果要将一个最大幅值为 5.1 V 的模拟信号转换为数字信号，要求能分辨出 5 mV 的输入信号的变化。试问：应选用几位的 A/D 转换器？

9. 如果输入电压的最高次谐波频率 $f_{i(max)} = 100$ kHz，请选择取样周期 T_s，并计算最小取样频率 f_s。试问：应该选择哪种类型的 A/D 转换器？

★10. 逐次渐近型 8 位 A/D 转换器电路中，若基准电压 $V_{REF} = 5$ V，输入电压 $v_I = 4.22$ V。试问：其输出数字量 $d_7 \sim d_0 = ?$ 如果其他条件不变，仅改变 10 位 D/A 转换器，那么输出数字量又会是多少？请写出两种情况的量化误差。

★11. n 位权电阻型 D/A 转换器电路如图 10－3 所示。

(1) 试推导输出电压 v_O 与输入数字量的关系式；

(2) 当 $n=8$，$V_{REF}=-10$ V 时，若输入数码为 20H，试求其输出电压值。

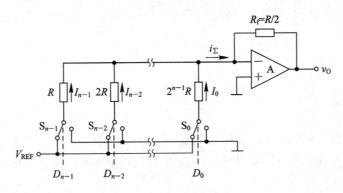

图 10－3

12. 10 位 $R\text{-}2R$ 网络型 D/A 转换器电路如图 10－4 所示。

(1) 求输出电压的取值范围；

(2) 若要求输入数字量为 200H 时输出电压 $v_O=5$ V，试问 V_{REF} 应取何值？

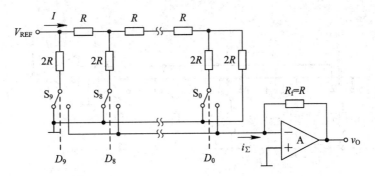

图 10－4

13. 已知 R-$2R$ 网络型 D/A 转换器 $V_{REF} = +5$ V，试分别求出 4 位 D/A 转换器和 8 位 D/A 转换器的最大输出电压，并说明这种 D/A 转换器最大输出电压与位数的关系。

14. 已知 R-$2R$ 网络型 D/A 转换器 $V_{REF} = +5$ V，试分别求出 4 位 D/A 转换器和 8 位 D/A 转换器的最小输出电压，并说明这种 D/A 转换器最小输出电压与位数的关系。

★15. 电路如图 10-5 所示。试问：

(1) 运放工作在线性区还是非线性区？

(2) 这是哪种类型的解码网络？

(3) 当 $D_4 D_3 D_2 D_1 D_0 = 10011$ 时，求输出电压 v_O 的值。

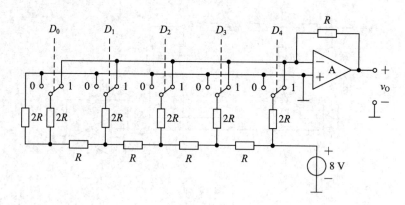

图 10-5

模拟测试题(一)

一、填空题

1. 如果对本专业 35 名同学各分配一个二进制代码，该功能用一逻辑电路来实现，则该电路称为_____，该电路的输出代码至少有_____位。

2. 对二进制译码器来说，若具有 n 个输入端，则应有_____个输出端。

3. 触发器具有 2 个稳定状态，它可存储_____位二进制信息。

4. 维持阻塞 D 触发器具有_____和_____功能，其状态方程为_____。

5. $AB+\overline{A}C+\overline{B}C$ 的最简与或表达式为_____。

6. 主从结构的 JK 触发器存在_____问题。

7. 逻辑函数的标准或与式是由_____构成的逻辑表达式。

8. 把一组输入的二进制代码翻译成具有特定含义的输出信号称为_____。

9. 数据分配器的功能类似于多位开关，是一种_____输入、_____输出的组合逻辑电路。

10. 将十进制数 71 转换为 8421BCD 码为_____。

11. 逻辑函数 $F=AB+\overline{A}\,\overline{B}$ 的对偶函数是_____。

二、单项选择题

1. 下列 4 个数中，与十进制 $(163)_{10}$ 不相等的是(   )。

A. $(A3)_{16}$ B. $(10100011)_2$

C. $(000101100011)_{8421BCD}$ D. $(1001000011)_8$

2. 假设 JK 触发器的现态 $Q^n=0$，要求 $Q^{n+1}=0$，则应使(   )。

A. $J=\times$，$K=0$ B. $J=0$，$K=\times$ C. $J=1$，$K=\times$ D. $J=K=1$

3. 函数 $F(A,B,C)=AB+BC+AC$ 的最小项表达式为(   )。

A. $F(A,B,C)=\sum m(0,2,4)$ B. $F(A,B,C)=\sum m(3,5,6,7)$

C. $F(A,B,C)=\sum m(0,2,3,4)$ D. $F(A,B,C)=\sum m(2,4,6,7)$

4. 任何带使能端的译码器都可以作为(   )使用。

A. 加法器 B. 数据分配器 C. 编码器 D. 计数器

5. 组合逻辑电路产生竞争-冒险的可能情况是(   )。

A. 2 个信号同时由 0→1 B. 2 个信号同时由 1→0

C. 1 个信号为 0，另 1 个由 0→1 D. 1 个信号为 0→1，另 1 个由 1→0

6. 下列触发器中，没有约束条件的是(   )。

A. 基本 RS 触发器 B. 主从 RS 触发器

C. 钟控 RS 触发器 D. 边沿 D 触发器

7. 数据分配器和(   )有着相同的基本电路结构形式。

A. 加法器　　　　　B. 编码器　　　　　C. 数据选择器　　　　D. 译码器

8. 设计组合逻辑电路的目的是要得到(　　　)。

A. 逻辑电路图　　　　　　　　　　B. 逻辑电路的功能

C. 逻辑函数式　　　　　　　　　　D. 逻辑电路的真值表

9. 钟控 RS 触发器的特征方程是(　　　)。

A. $Q^{n+1} = R + \overline{S}Q^n$　　　　　　　B. $Q^{n+1} = S + Q^n$

C. $Q^{n+1} = \overline{R} + Q^n$　　　　　　　D. $Q^{n+1} = S + \overline{R}Q^n$

10. 仅有翻转功能的触发器是(　　　)。

A. JK 触发器　　　B. T 触发器　　　C. D 触发器　　　D. T' 触发器

11. 下降沿触发的边沿 JK 触发器 CT74LS112 的 $\overline{R}_D = 1$、$\overline{S}_D = 1$,且 $J = 1$、$K = 1$ 时,如果 Q 端输出脉冲的频率为 100 kHz 的方波,则输入时钟脉冲的频率为(　　　)。

A. 200 kHz　　　B. 100 kHz　　　C. 50 kHz　　　D. 25.5 kHz

12. 具有直接复位端和置位端($\overline{R}_D$、$\overline{S}_D$)的触发器,当触发器处于受 CP 脉冲控制的情况下工作时,这两端所加的信号为(　　　)。

A. 01　　　　　B. 11　　　　　C. 00　　　　　D. 10

13. 右图的逻辑表达式为(　　　)。

A. $Y = \overline{AB} \cdot \overline{AC} \cdot \overline{BC}$

B. $Y = \overline{AB} + \overline{AC} + \overline{BC}$

C. $Y = \overline{AB + AC + BC}$

D. $Y = \overline{\overline{AB} \cdot \overline{BC} \cdot \overline{AC}}$

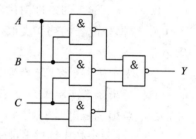

14. $Y = A + \overline{BC\,\overline{DE}}$ 的反函数为 $\overline{Y} = ($　　　)。

A. $\overline{Y} = A \cdot \overline{B + C + \overline{D} + E}$

B. $\overline{Y} = \overline{A} \cdot (\overline{B} + \overline{C} + \overline{D} + \overline{E})$

C. $\overline{Y} = \overline{A} \cdot \overline{B} + \overline{C} + \overline{\overline{D} + E}$

D. $\overline{Y} = A \cdot (\overline{B} + \overline{C} + \overline{D} + \overline{E})$

15. 下列关于异或运算的式子中,不正确的是(　　　)。

A. $A \oplus 0 = A$　　　B. $A \oplus 1 = \overline{A}$　　　C. $A \oplus A = 0$　　　D. $\overline{A} \oplus \overline{A} = 1$

三、简答题

1. 化简逻辑函数。

$$F(A, B, C, D) = \sum m(0, 2, 3, 4, 5, 6, 11, 12) + \sum d(8, 9, 10, 13, 14, 15).$$

(写出过程:填卡诺图、画圈、化简)。

2. 8 路数据选择器构成的电路如下图所示，A_2、A_1、A_0 为地址输入端，根据图中对 $D_0 \sim D_7$ 的设置，写出该电路所实现函数 F 的最小项表达式和最大项表达式。

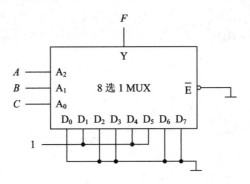

3. 写出下图所示逻辑电路的最简与或表达式。

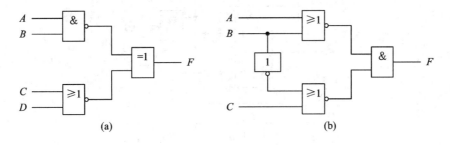

(a)   (b)

四、分析设计题

1. 用 74LS138 译码器和门电路实现如下多输出逻辑函数,并画出逻辑电路图。

$$\begin{cases} F_1 = AC \\ F_2 = \overline{A}\,\overline{B}C + A\,\overline{B}\,\overline{C} + BC \\ F_3 = \overline{B}\,\overline{C} + AB\overline{C} \end{cases}$$

74LS138 逻辑符号

2. 由 JK 触发器构成的电路如下图所示,试画出电路在 CP 作用下,Q_A、Q_B 的波形,设初始状态为 0。

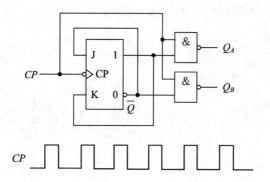

3. 用与非门设计一个受光、声和触摸控制的电灯开关逻辑电路,分别用 A、B、C 表示光、声和触摸信号,用 F 表示电灯。灯亮的条件是无论有无声、光信号,只要有人触摸开关,灯就亮;当无人触摸时,只有当无光、有声时灯才能亮。要求:输入端无反变量。

4. 由 74LS153 双 4 选 1 数据选择器组成的电路如下图所示。

(1) 分析该电路,写出 F 的最小项表达式;

(2) 改用 8 选 1 实现函数 F,画出逻辑电路图。要求:输入端不能出现反变量,且不能出现门电路。

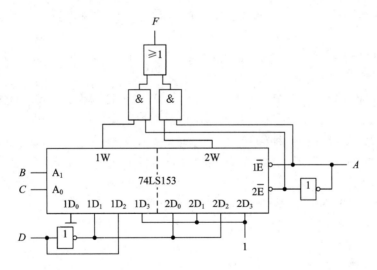

模拟测试题(二)

一、选择题

1. 某存储器有 8 根地址线和 8 根双向数据线，则该存储器的容量为(　　)。

A. 8×3　　　　　B. $8K\times 8$　　　　　C. 256×8　　　　　D. 256×256

2. 能够实现线与功能的是(　　)。

A. TTL 与非门　　　B. 集电极开路门　　　C. 三态逻辑门　　　D. CMOS 逻辑门

3. 将三角波变换为矩形波，需选用(　　)。

A. 单稳态触发器　　B. 施密特触发器　　C. 多谐振荡器　　　D. 双稳态触发器

4. 要实现 $Q^{n+1}=\overline{Q^{n}}$，JK 触发器的 J、K 取值应是(　　)。

A. $J=0$，$K=0$　　B. $J=0$，$K=1$　　C. $J=1$，$K=0$　　D. $J=1$，$K=1$

5. 将 8421BCD 码 01101001.01110001 转换为十进制数是(　　)。

A. 78.16　　　　　B. 24.25　　　　　C. 69.71　　　　　D. 54.56

6. 设计一个 8421BCD 码加法计数器，至少需要(　　)个触发器。

A. 4　　　　　　　B. 8　　　　　　　C. 10　　　　　　　D. 16

7. 若将 D 触发器的 D 端连在 $\overline{Q}$ 端上，经 100 个脉冲作用后，其次态 $Q(t+100)=0$，则现态 $Q(t)$ 应为(　　)。

A. $Q(t)=0$　　　B. $Q(t)=1$　　　C. 与现态 $Q(t)$ 无关　　D. 无法确定

8. 数据分配器和(　　)有着相同的基本电路结构形式。

A. 加法器　　　　　B. 编码器　　　　　C. 数据选择器　　　D. 译码器

9. 比较两个一位二进制数 A 和 B，当 $A>B$ 时输出 $F=1$，则 F 的表达式是(　　)。

A. $F=AB$　　　B. $F=\overline{A}B$　　　C. $F=A\overline{B}$　　　D. $F=\overline{A}\,\overline{B}$

10. 组合逻辑电路中的冒险是由于(　　)引起的。

A. 电路未达到最简　　　　　　　　　B. 电路有多个输出

C. 电路中的时延　　　　　　　　　　D. 逻辑门类型不同

11. 同步时序逻辑电路与异步时序逻辑电路相比，其差异在于后者(　　)。

A. 没有触发器　　　　　　　　　　　B. 没有稳定状态

C. 没有统一的时钟脉冲控制　　　　　D. 输出只与内部状态有关

12. 当 8 位 D/A 转换器输入数字量只有最低位为 1 时，输出电压为 0.02 V；若 8 位 D/A 转换器的输入数字量只有最高位为 1 时，则输出电压为(　　)V。

A. 0.039　　　　　B. 2.56　　　　　C. 1.27　　　　　D. 都不是

13. 为了把串行输入的数据转换成并行输出的数据，可以使用(　　)。

A. 寄存器　　　　　B. 移位寄存器　　　C. 计数器　　　　　D. 存储器

14. 一片四位二进制译码器，它的输出函数最多可以有(　　)个。

A. 1　　　　　　　B. 8　　　　　　　C. 10　　　　　　　D. 16

15. 一个逻辑表达式中的一个最小项是 $A\overline{B}C\overline{D}$，则与之相邻的最小项是(　　)。

A. $\overline{A}\,\overline{B}CD$　　　　B. $A\overline{B}\,\overline{C}D$　　　　C. $\overline{A}BC\overline{D}$　　　　D. $\overline{A}BC\overline{D}$

二、分析计算题

1. 用与或阵列构成的组合逻辑电路如下图所示，写出 F_1 和 F_2 的最小项表达式。

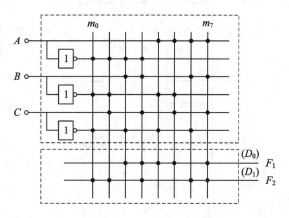

2. 下图电路中，(a)、(b)两图均由 TTL 门电路组成，(c)图由 CMOS 电路构成。分别写出 F_1、F_2 和 F_3 的表达式。

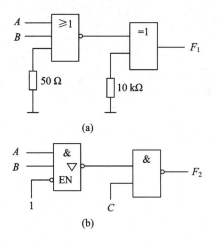

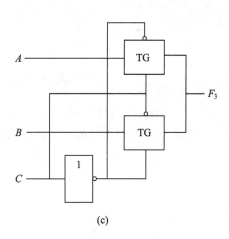

3. 由 555 定时器构成的电路如下图(a)所示，请回答下列问题：

(1) 写出构成电路的名称；

(2) 已知输入信号波形 v_I，画出电路中 v_O 的波形(标明 v_O 波形的脉冲宽度)。

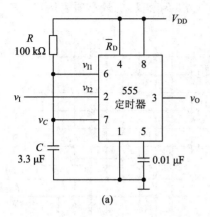
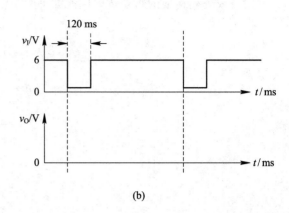

(a)　　　　　　　　　　　　　　　(b)

4. 函数 $F(A, B, C, D) = \sum m(1, 3, 6, 8, 12, 14)$。

(1) 填写卡诺图，并化简为最简与或式；

(2) 填写以 D 为记图变量的三维降维卡诺图。

5. 分析下图所示时序逻辑电路，要求写出驱动方程、状态方程、输出方程、状态表，并指出电路功能。

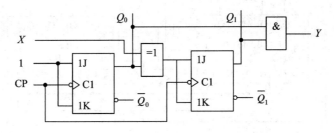

6. D/A 转换电路如下图所示，已知 $V_{REF}=5$ V。

(1) 指出此 D/A 转换电路的类型；

(2) 当输入电压 $d_3d_2d_1d_0=1101$ 时，试求 v_O。

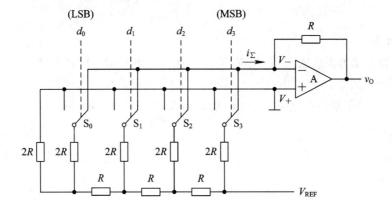

7. 由 74LS161 组成的时序逻辑电路如下图所示,分析电路功能,简要写出分析思路。

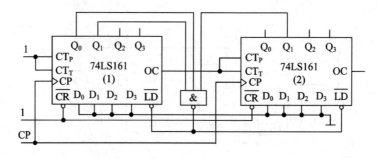

三、设计题

1. 某组合逻辑电路的输入 $X(X_3 X_2 X_1 X_0)$ 为 8421BCD 码,当输入对应的十进制数在 3 和 8 之间,即 $3 \leqslant X \leqslant 8$ 时,输出 $Y=1$,否则 $Y=0$。试用最少的与非门实现该电路。要求:列出真值表,进行逻辑函数化简,写出函数表达式,画出逻辑电路图。

2. 用一片 74LS138 和少量逻辑门设计一组合电路,该电路输入 X 和输出 Y 均为三位二进制数,二者之间的关系为:

$$2 \leqslant X \leqslant 5 \text{ 时}, Y = X + 2;$$
$$X < 2 \text{ 时}, Y = 1;$$
$$X > 5 \text{ 时}, Y = 0。$$

要求:列出真值表,写出输出函数表达式,画出逻辑电路图。

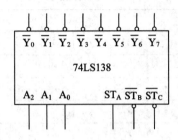

74LS138 逻辑符号

3. 用一片 74LS161、一片 74LS151 和最少的 SSI 门器件，设计一个同步时序逻辑电路，实现下图所示输出波形 Z，并写出设计过程。

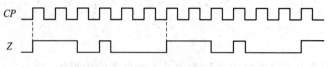

74LS161 功能表

输　入									输　出			
$\overline{CR}$	$\overline{LD}$	CT_T	CT_P	CP	D_0	D_1	D_2	D_3	Q_0	Q_1	Q_2	Q_3
0	×	×	×	×	×	×	×	×	0	0	0	0
1	0	×	×	↑	d_0	d_1	d_2	d_3	d_0	d_1	d_2	d_3
1	1	1	1	↑	×	×	×	×	计　数			
1	1	0	1	×	×	×	×	×	触发器保持，$CO=0$			
1	1	1	0	×	×	×	×	×	保　持			

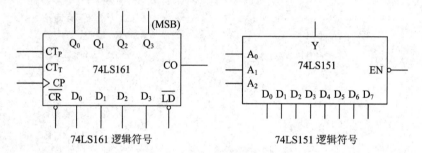

74LS161 逻辑符号　　　　　　　74LS151 逻辑符号

模拟测试题(三)

一、选择题

1. 若 $A \neq B$，则 $\overline{AX + BY} = ($　　$)$。

A. $\overline{AX} + \overline{BY}$　　　　B. $\overline{A}\,\overline{X} + BY$　　　　C. $A\overline{X} + B\overline{Y}$　　　　D. $\overline{A}\overline{X} + B\overline{Y}$

2. 如下图所示，逻辑电路实现的逻辑运算为($　　$)。

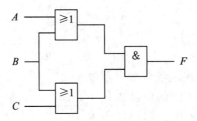

A. $F = AB + BC$　　　　　　　　B. $F = (A + B)(C + B)$

C. $F = A + B + C$　　　　　　　　D. $F = \overline{AB} + \overline{CB}$

3. 在下列 4 个逻辑电路图中，能实现 $F = A$ 的电路是($　　$)。

A. 　　B. 　　C. 　　D.

4. 二-十进制编码器的输入编码信号应有($　　$)。

A. 2 个　　　　　　B. 4 个　　　　　　C. 8 个　　　　　　D. 10 个

5. 一个确定的逻辑函数，它的($　　$)是唯一的。

A. 真值表　　　　　B. 逻辑电路图　　　　C. 最简表达式　　　D. 以上三者都不是

6. 下面卡诺图所表示的逻辑函数之最简"与或"表达式为($　　$)。

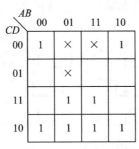

A. $BC + \overline{D}$　　　　　　B. $BC + B\overline{D}$　　　　　　C. $B\overline{C} + D$　　　　　　D. $BC + D$

7. 利用逻辑代数公式化简 $Y = ABC + A\overline{B}\,\overline{C} + AB\overline{C} + A\overline{B}C = ($　　$)$。

A. AB　　　　　　B. ABC　　　　　　C. AC　　　　　　D. A

8. 当组合逻辑电路中存在竞争-冒险时，说明输出信号中($　　$)。

A. 不一定会出现干扰脉冲　　　　　　　B. 一定会出现干扰脉冲

C. 一定不会出现干扰脉冲　　　　　　　　D. 以上 3 种说法都不正确

9. 逻辑表达式中的一个最小项为 $A\overline{B}C\overline{D}$，则与之相邻的最小项是(　　)。

A. $\overline{A}B\overline{C}D$ 　　　　B. $\overline{A}B\overline{C}D$ 　　　　C. $\overline{A}B\overline{C}\overline{D}$ 　　　　D. $AB\overline{C}\overline{D}$

10. 下图所示的各触发器中，不具有计数功能的是(　　)。

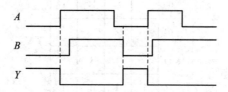

　　A.　　　　　　　　　　B.　　　　　　　　　C.　　　　　　　　　D.

二、填空题

1. $(1100)_2 = \underline{\hspace{2cm}}_{10} = \underline{\hspace{2cm}}_{8421BCD} = \underline{\hspace{2cm}}_{余三码}$。

2. $(01100011)_{8421BCD} + (001001001001)_{8421BCD} = \underline{\hspace{2cm}}_{8421BCD}$。

3. 维持阻塞 D 触发器具有_____和_____功能，其特性方程为_____。如将输入端 D 和输出端 $\overline{Q}$ 相连，则 D 触发器处于_____状态。

4. 逻辑函数 $F = \overline{A} + B + \overline{C}D$ 的反函数 $\overline{F} = \underline{\hspace{2cm}}$，对偶函数 $F^* = \underline{\hspace{2cm}}$。

5. 逻辑函数 $F = A \oplus (A+B)$ 的最简式为 $F = \underline{\hspace{2cm}}$。

三、简答题

1. 化简逻辑函数：$F(A, B, C, D) = \sum m(0, 2, 3, 4, 5, 6, 11, 12) + \sum d(8, 9, 10, 13, 14, 15)$。(写出过程：填卡诺图、画圈、化简)

2. 已知某门电路的输入 A、B 和输出 Y 的波形如下图所示，试分析它是哪种门电路，并画出它的逻辑符号。

3. 函数 $F(A, B, C, D) = \sum m(1, 3, 6, 7, 8, 12, 14)$，其卡诺图如下图(a)所示，在图(b)中填写降维卡诺图。

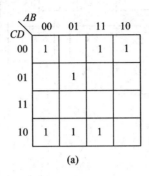
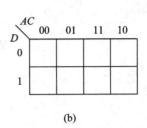

　　　　　　　　(a)　　　　　　　　　　　　　　　　(b)

4. 写出下图所示电路的输出表达式。（74LS153 为 4 选 1 数据选择器）

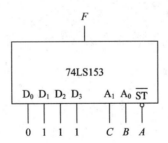

5. 设 JK 触发器的初态为 0，逻辑电路、CP 和 $\overline{R}_D$ 的波形如下图所示，画出 Q 的波形。

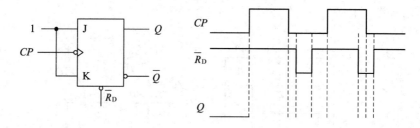

四、综合分析题

1. 用 74LS138 译码器和门电路实现 $F=\overline{A}\,\overline{B}+AB\overline{C}$。要求：

(1) 写出 F 与译码器输出端的逻辑表达式；

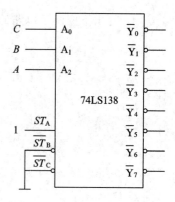

(2) 根据给出的译码器画出逻辑电路图。

2. 七段显示译码电路的功能是将 8421BCD 码译成对应于数码管的七个字段信号，驱动数码管(共阴极)，显示相应的十进制数码，其功能状态表如下所示。试将下表中空的一行填写完整；并写出字段 a 点亮时的输入函数逻辑表达式。

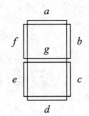

七段显示译码器状态表

输　入				输　出							显示数码
Q_3	Q_2	Q_1	Q_0	a	b	c	d	e	f	g	
0	0	0	0	1	1	1	1	1	1	0	0
0	0	0	1	0	1	1	0	0	0	0	1
0	0	1	0	1	1	0	1	1	0	1	2
0	0	1	1	1	1	1	1	0	0	1	3
0	1	0	0	0	1	1	0	0	1	1	4
											5
0	1	1	0	1	0	1	1	1	1	1	6
0	1	1	1	1	1	1	0	0	0	0	7
1	0	0	0	1	1	1	1	1	1	1	8
1	0	0	1	1	1	1	1	0	1	1	9

3. 由 555 定时器、74LS138(三线八线译码器)、74LS161(四位二进制加法计数器)、74LS153(双四选一数据选择器)组成的电路如下图所示。要求：

(1) 说明 555 定时器构成电路的功能，并计算 v_O 的频率。

(2) 当 MN 依次输入四种不同状态时，计数器分别为几进制？(写出起始状态和反馈状态)

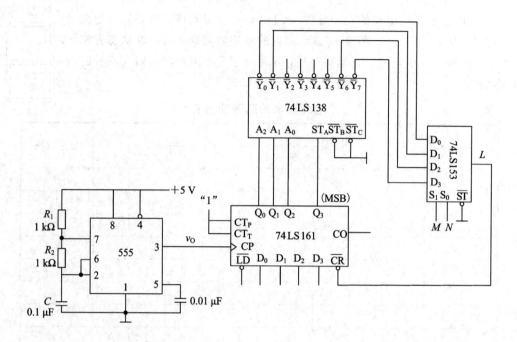

4. 分析如下图所示时序电路，要求：

(1) 列出输出函数的真值表和 74LS161 的状态转移真值表。

(2) 说明该电路的功能。

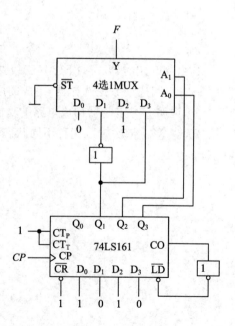

模拟测试题(四)

一、单项选择题

1. 两个 8421BCD 码相加时,需进行加 6 修正的是( )。

A. 相加结果为 1001　　　　　　　　　　　B. 相加结果为 1011

C. 相加结果为 1000　　　　　　　　　　　D. 相加结果为 0110

2. 表示一个最大的 3 位十进制数,所需二进制数的位数至少是( )。

A. 6　　　　　　　B. 8　　　　　　　C. 10　　　　　　D. 12

3. 下列码制中,属于无权码的有( )。

A. 8421BCD 码　　B. 2421BCD 码　　C. 631−1BCD 码　　D. 8421 奇校 BCD

4. n 位数码全为 1 的二进制数对应的十进制数为( )。

A. n　　　　　　B. $2n$　　　　　　C. 2^n-1　　　　D. 2^n

5. 若一个逻辑函数由四个变量组成,则最小项的总数目是( )。

A. 4　　　　　　　B. 8　　　　　　　C. 12　　　　　　D. 16

6. 下列等式中正确的是( )。

A. $A \oplus B = A \odot B$　　B. $A \oplus B = \overline{A \odot B}$　　C. $A \oplus 1 = A$　　D. $A \oplus 0 = \overline{A}$

7. 下列等式中正确的是( )。

A. $0 \oplus 0 = 1$　　B. $0 \oplus 1 = 1$　　C. $0 \odot 0 = 0$　　D. $0 \odot 1 = 1$

8. 下列等式中正确的是( )。

A. $A + 1 = A$　　B. $A + \overline{A} = 1$　　C. $A \cdot \overline{A} = 1$　　D. $A + A = 2A$

9. 下列逻辑函数中,F 恒为 0 的是( )。

A. $F(ABC) = \overline{m_0} \cdot \overline{m_2} \cdot \overline{m_5}$　　　　　　B. $F(ABC) = m_0 + m_2 + m_5$

C. $F(ABC) = m_0 \cdot m_2 \cdot m_5$　　　　　　D. $F(ABC) = \overline{m_0} + \overline{m_2} + \overline{m_5}$

10. 组合逻辑电路中出现竞争—冒险的原因是( )。

A. 电路不是最简　　　　　　　　　　　B. 电路有多个输出

C. 电路中存在延迟　　　　　　　　　　D. 电路使用不同的门电路

11. 若电路可能存在 1 型逻辑冒险,则函数表达式可转化为( )。

A. $F = A + \overline{A}$　　B. $F = A \cdot \overline{A}$　　C. $F = A \cdot \overline{B}$　　D. $F = A + \overline{B}$

12. 触发器电路如右图所示,其次态应为( )。

A. $Q^{n+1} = 0$　　　　B. $Q^{n+1} = 1$

C. $Q^{n+1} = A$　　　　D. $Q^{n+1} = \overline{A}$

13. 允许钟控电位触发器发生状态转移的时间段是( )。

A. $CP = 1$ 期间　　　　　　　　　　　B. CP 上升沿

C. $CP = 0$ 或 $CP = 1$ 期间　　　　　　D. CP 上升沿或下降沿

14. 当集成维持-阻塞 D 型触发器的异步置 1 端 $\overline{S}_D=0$ 时，则触发器的次态（　　）。

A. 与 CP 和 D 有关　　B. 与 CP 和 D 无关　　C. 只与 CP 有关　　　D. 只与 D 有关

15. 要求 JK 触发器状态由 1→0，其激励输入端 JK 应为（　　）。

A. JK=0×　　　　　　B. JK=1×　　　　　　C. JK=×0　　　　　　D. JK=×1

16. 用 1 级触发器可以记忆的状态数是（　　）。

A. 1　　　　　　　　B. 2　　　　　　　　C. 4　　　　　　　　D. 8

二、填空题

1. 二进制数 $(1010.11)_2$ 对应的十六进制数是 _____。

2. $(362)_{10}$ 对应的 8421BCD 码是 _____。

3. n 位二进制编码器有 _____ 个输出。

4. 组合逻辑电路是指任何时刻电路的输出仅由当时的 _____ 决定。

三、简答题

1. 化简逻辑函数 $F(A,B,C,D)=\sum m(2,4,6,9,13,14)+\sum \varphi(0,1,3,11,15)$。

2. 试分析最小项 $a\overline{b}cd$ 的逻辑相邻项有几个？分别是什么？

3. 写出下图中 $F(A, B, C, D)$ 的最小项表达式，并化简为最简与或式。

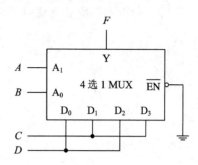

4. 设 A、B、C 为某保密锁的 3 个按键，当 A 键单独按下时，锁既不打开也不报警；只有当 A、B、C 或者 A、B 或者 A、C 同时按下时，锁才能被打开；当不符合上述组合状态时，将发出报警信息。试列出此保密锁逻辑电路的真值表。

四、分析设计题

1. 分析下图所示电路的逻辑功能。

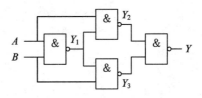

2. 导弹发射系统由 3 名操作员共同控制，只有在至少有 2 名操作员同意的情况下才能发射导弹，试设计导弹发射控制电路。

3. 用一片 8 选 1 数据选择器实现逻辑函数 $F(A, B, C, D) = \sum m(1, 5, 6, 7, 9, 11, 12, 13, 14)$。

4. 用 3 - 8 线译码器 74LS138 实现一组多输出逻辑函数。

$$\begin{cases} F_1 = A\overline{B} + \overline{B}C + AC \\ F_2 = \overline{A}\,\overline{B} + B\overline{C} + AC \\ F_3 = \overline{A}B + BC + A\overline{C} \end{cases}$$

5. 用一片 74LS160(十进制加法计数器)、一片 74LS153(双 4 选 1 数据选择器)和少量的 SSI 门器件,设计一个序列信号产生器,所产生的循环序列是 01101001。(要求利用计数器 CO 进位端设计)

6. 由 555 定时器、74LS138(三线八线译码器)和 74LS161(四位二进制加法计数器)组成的时序信号产生电路如下图所示。

(1) 说明 555 定时器组成电路的功能，计算 v_O 的频率并画出波形。

(2) 试问 74LS161 组成什么功能的电路？画出其状态图，并列出输出端 L 的最小项表达式。

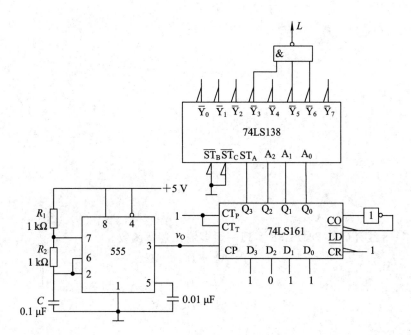

习题参考答案

第一章 数制和码制

一、选择题

1. CD　2. AB　3. C　4. B　5. C　6. ABCD　7. D　8. AB　9. ABCD　10. ABCD
11. A　12. B　13. B　14. C　15. D　16. D　17. A　18. D　19. A　20. B
21. B　22. C　23. C　24. C　25. B

二、判断题

1. √　2. ×　3. √　4. √　5. ×　6. √　7. √　8. ×　9. ×　10. √
11. ×　12. √　13. √　14. √　15. √　16. ×　17. ×　18. √　19. ×　20. ×

三、填空题

1. 时间；幅值；1；0

2. 逻辑代数；逻辑电路

3. 二进制；八进制；十六进制

4. $(262.54)_8$；$(B2.B)_{16}$

5. $(11101.1)_2$；$(29.5.)_{10}$；$(1D. 8)_{16}$；$(00101001.0101)_{8421BCD}$

6. $(100111.11)_2$；$(47.6)_8$；$(27.C)_{16}$

7. $(1011110.11)_2$；$(136.6)_8$；$(94.75)_{10}$；$(10010100.01110101)_{8421BCD}$

8. $(1001110)_2$；$(116)_8$；$(78)_{10}$；$(4E)_{16}$

9. 2；16

10. 0；1；逢二进一

11. 除 2 取余；乘 2 取整

12. 各位加权系数之和

13. 8、4、2、1

14. 补码＝反码＋1

15. 01100101；01100101；01100101；11100101；10011010；10011011

16. －100011；1011100；1011101

17. $(A. C)_{16}$

18. $(001101100010)_{8421BCD}$

19. $(01010100)_{8421BCD}$

四、数制转换

1. (1) $(101011)_2$；$(2B)_{16}$　　　　　　　　(2) $(1111111)_2$；$(7F)_{16}$

(3) $(11111110.01)_2$；$(FE.4)_{16}$　　　　(4) $(10.10110111)_2$；$(2.B7)_{16}$

2. (1) $(29)_H$　　　　　　　　　　　　　(2) $(3.68)_H$

 (3) $(79)_H$　　　　　　　　　　　　　(4) $(5.CC)_H$

3. (1) $(1F4)_H$　　　　　　　　　　　　　(2) $(3B)_H$

 (3) $(0.57)_H$　　　　　　　　　　　　(4) $(3EA.7)_H$

4. (1) $(11001.1011001100)_2$；$(31.5463)_8$　　(2) $(10111100.111)_2$；$(274.7)_8$

 (3) $(1101011.0110001111)_2$；$(153.3075)_8$

 (4) $(10101110.000011101)_2$；$(256.0365)_8$

5. (1) $(01000011)_{8421BCD}$　　　　　　　(2) $(000100100111)_{8421BCD}$

 (3) $(001001010100.00100101)_{8421BCD}$　　(4) $(0010.011100011000)_{8421BCD}$

6. (3) ＞(2) ＞(4) ＞(1)

7. (3) ＞(1) ＞(4) ＞(2)

★8. (1) $(0.39)_{10}=(0.0110001)_2$

  (2) $(0.39)_{10}=(0.0110001111)_2$

9. $(87.62)_{10}=(1010111.1001)_2$

★10. (1) $(+115)_{10}=($ ＋11110011 $)_{二进制数真值}=($ 01110011 $)_{原码}$

     $=($ 01110011 $)_{反码}=($ 01110011 $)_{补码}$

  (2) $(-38)_{10}=($ －100110 $)_{二进制数真值}=($ 10100110 $)_{原码}$

     $=($ 11011001 $)_{反码}=($ 11011010 $)_{补码}$

第二章　逻辑函数及其化简

一、选择题

1. D　2. ABCD　3. D　4. AD　5. AC　6. A　7. ACD　8. C　9. D　10. BCD

11. B　12. C　13. C　14. B　15. A　16. B　17. A　18. C　19. B　20. BC

21. AD　22. ABCD　23. AB　24. AD　25. C　26. A　27. B

二、判断题

1. ×　2. ×　3. √　4. ×　5. √　6. ×　7. √　8. ×　9. ×　10. √　11. ×

12. √　13. ×　14. √　15. √　16. ×　17. √　18. ×　19. ×　20. ×

三、填空题

1. 布尔代数；与；或；非；与非；或非；与或非；同或；异或

2. 表达式；真值表；卡诺图

3. 结合律；交换律；分配律；反演律

4. 代入规则；反演规则；对偶规则

5. $\overline{F}=A\overline{B}(C+\overline{D})$

6. $F^*=A+BC$

7. $F^*=(A+B)(\overline{A}+C)(B+C)$

8. $\overline{F}=(A+B+C+D)\overline{ABCD}$

9. $F = A\overline{B} + \overline{A}B + \overline{A}\,\overline{B} + AB$

10. $F = \overline{A} + \overline{B}(\overline{C} + D)(B + C)$

11. 2^n；16

12. 标准与-或；标准或-与

13. 与项个数最小；每个与项变量数最少

14. 代数(公式)化简法；卡诺图(图形)化简法

15. 标准与-或；标准或-与

四、按要求写出表达式

1. $Y = \overline{A}BC + A\overline{B}C + ABC + \overline{A}\,\overline{B}C = m_3 + m_5 + m_7 + m_1 = \sum m(1,3,5,7)$

2. $Y = (A + B + C)(A + \overline{B} + C)(\overline{A} + \overline{B} + C) = \prod m(0,2,6)$

3. $Y = \overline{\overline{AB}\,\overline{BC}\,\overline{AC}}$

4. $Y = \overline{\overline{\overline{B + C} + \overline{\overline{B} + \overline{C}} + \overline{A + B}}}$

五、化简

1. $Y = A\overline{B} + B + \overline{A}B = A\overline{B} + B = A + B$

2. $Y = A$

3. $Y = A\overline{B}CD + ABD + A\overline{C}D = AD(\overline{B}C + B + \overline{C}) = AD(\overline{C} + C) = AD$

4. $Y = A\overline{C} + ABC + AC\overline{D} + CD = A(\overline{C} + BC) + C(A\overline{D} + D)$
   $= A(\overline{C} + B) + C(A + D) = A\overline{C} + AB + AC + CD = A + CD$

5. $Y = AC + B\overline{C} + \overline{A}B = AC + B(\overline{A} + \overline{C}) = AC + (\overline{AC})B = AC + B$

6. $Y = A\overline{B}C + \overline{A} + B + \overline{C} = A\overline{B}C + \overline{A\overline{B}C} = 1$

7. $Y = \overline{A}B + AC + \overline{B}C = \overline{A}B + AC$

8. $Y = A\overline{B} + \overline{A}C + BC + \overline{C}D = A\overline{B} + \overline{A}C + \overline{B}C + BC + \overline{C}D + BD$
   $= A\overline{B} + C + \overline{C}D + BD = A\overline{B} + C + D$

9. $Y = A\overline{B} + \overline{A}C + \overline{C}D + D = A\overline{B} + \overline{A}C + D$

10. $Y = A\overline{B}\,\overline{C} + \overline{A}\,\overline{B} + \overline{A}D + C + BD = A\overline{B}\,\overline{C} + \overline{A}\,\overline{B} + C + BD$
    $= A\overline{B} + \overline{A}\,\overline{B} + C + BD = \overline{B} + C + BD = \overline{B} + C + D$

11. $F(A,B,C,D) = \overline{A}\,\overline{B} + AD + AC$

12. $F(A,B,C,D) = \overline{C}D + C\overline{D} + \overline{B}\,\overline{D}$

13. $F(A,B,C,D) = \overline{A} + D$

14. $F(A,B,C,D) = \overline{A}C\overline{D} + A\overline{C} + \overline{B}D$

15. $F(A,B,C,D) = \overline{D} + B\overline{C} + \overline{B}C$

六、分析题

★1. (1) $F_d = [(A + \overline{B})C) + D]E + B$；$\overline{F} = [(\overline{A} + B)\overline{C} + \overline{D}]\overline{E} + \overline{B}$。

(2) $F_d = \overline{A \cdot B \cdot \overline{C} \cdot \overline{D}\overline{E}}$，$\overline{F} = \overline{A} \cdot \overline{B} \cdot C \cdot \overline{\overline{D}E}$

2. 电路输出函数表达式为

$$Y = \overline{B(A \oplus B)}$$

波形图如下：

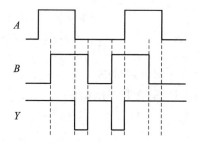

★3.（1）电路的输出函数表达式为
$$F = A \oplus B \oplus C$$

完整的真值表如下：

A	B	C	F
0	0	0	0
0	0	1	1
0	1	0	1
0	1	1	0
1	0	0	1
1	0	1	0
1	1	0	0
1	1	1	1

卡诺图

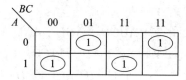

最简与或式为
$$F = \overline{A}\,\overline{B}C + \overline{A}B\overline{C} + A\overline{B}\,\overline{C} + ABC$$

（2）若将图 2-2(b)所示的波形加到图 2-2(a)所示电路的输入端，F 的输出波形图为：

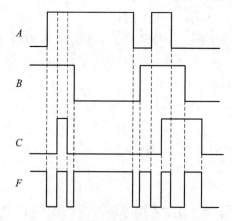

4. 最小项之和表达式：
$$F_1 = \sum m(0,1,2) = \overline{A}\,\overline{B} + \overline{A}\,\overline{C}$$

最大项之积表达式：
$$F_1 = \prod M(3,4,5,6,7) = \overline{A}(\overline{B} + \overline{C})$$

★5. $F(D_3, D_2, D_1, D_0) = \sum m(1,2,3,5,9) + \sum d(10,11,12,13,14,15)$

$$F = \overline{D_1}D_0 + \overline{D_2}D_1 = \overline{\overline{D_1}D_0 + \overline{D_2}D_1} = \overline{\overline{D_1}D_0} \cdot \overline{\overline{D_2}D_1}$$

★6. (1) $F = (A+C)(\overline{C}+\overline{D})(\overline{B}+\overline{C})$

(2) $F = (A+B+D)(\overline{A}+C)$

第三章　集成逻辑门

一、选择题

1. ABD　2. CD　3. A　4. CD　5. ABC　6. ABD　7. C　8. ACD　9. ACD　10. B
11. A　12. B　13. C　14. D　15. A　16. D　17. C　18. A　19. C　20. C

二、判断题

1. √　2. √　3. √　4. √　5. √　6. ×　7. √　8. ×　9. √　10. √

三、填空题

1. OC；电源；负载

2. 集电极开路；线与

3. 饱和；转折；线性；截止

4. CT4000；低功耗肖特基

5. 饱和；截止

6. 小；大；高

7. 灌电流；拉电流

8. 高阻、高电平、低电平

9. 集成度高、功耗小、品质因数好

10. 接高电平（或 V_{CC}）、悬空和有用输入端并接

11. 接地（低电平）、和有用输入端并接

12. 负载电阻

13. 74LS；兼容

14. 基本逻辑运算和复合逻辑运算

四、分析计算

1. 对电路进行等效：

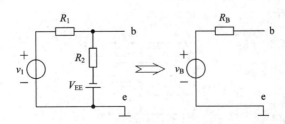

$$v_B = v_I - \frac{v_I - V_{EE}}{R_1 + R_2} R_1 = \left(v_I - \frac{v_I + 8}{13.3} \times 3.3 \right) \text{V}$$

$$R_B = \frac{R_1 \cdot R_2}{R_1 + R_2} = \frac{3.3 \times 10}{13.3} \text{k}\Omega = 2.5 \text{ k}\Omega$$

当 $v_I = V_{IL} = 0$ V 时，

$$v_B = \left(0 - \frac{0 + 8}{13.3} \times 3.3 \right) \text{V} = -2 \text{ V}$$

发射结反偏，三极管截止，$i_C = 0$，$v_O = V_{CC} = 5$ V。

当 $v_I = V_{IH} = 5$ V 时，

$$v_B = \left(0 - \frac{0 + 8}{13.3} \times 3.3 \right) \text{V} = -2 \text{ V}, \quad i_B = \frac{v_B - V_{BE}}{R_B} = \frac{1.8 - 0.7}{2.5 \times 10^3} \text{A} = 0.44 \text{ mA}$$

深度饱和时，三极管的基极电流为

$$I_{BS} \approx \frac{V_{CC}}{\beta R_C} = \frac{5}{20 \times 1 \times 10^3} \text{A} = 0.25 \text{ mA}$$

满足 $i_B > I_{BS}$，故三极管处于深度饱和状态，$v_O \approx 0$ V。

2. 非门

3. Y_1 为高电平；Y_2 为低电平；Y_3 为低电平。

4. 在满足 $V_{OL} \leqslant 0.4$ V 的条件下，p 为每个负载门输入的个数，求得可驱动的负载门数目为

$$N_1 \leqslant \frac{I_{OL(max)}}{|pI_{IL(max)}|} = \frac{16}{2 \times 1.6} = 5(\text{个})$$

在满足 $V_{OH} \geqslant 3.2$ V 的条件下，求得可驱动的负载门数目为

$$N_2 \leqslant \frac{|I_{OH(max)}|}{pI_{IH(max)}} = \frac{0.4}{2 \times 0.04} = 5(\text{个})$$

因此，前级门 G_M 最多能驱动 5 个同样的与非门。

5. 相应逻辑门的图形符号和逻辑表达式如下：

A B — & — Y_1	A B — =1 — Y_2	A B — & ○— Y_3	A B — =1 ○— Y_4
$Y_1 = AB$	$Y_2 = A \oplus B$	$Y_3 = \overline{AB}$	$Y_4 = \overline{A \oplus B}$

6. $F_1 = AB\overline{C}$ $F_2 = \overline{A+B} \odot 1 = \overline{A+B}$

7. $P = A\overline{C} + BC$ $Q^{n+1} = \overline{A}\overline{B}C + \overline{B}Q^n\overline{C}$

8. $C = 0$，$F = 0$

$C = 1$，$F = \overline{\overline{AB} + 0} = AB$，故 $F = ABC$。

输出 F 的波形如下：

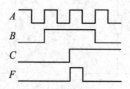

9.（1）$F = \overline{ABC} + \overline{A}\,\overline{B}\,\overline{C} = \overline{A}C + \overline{B}C + A\overline{C} + B\overline{C} = \sum m(1,2,3,4,5,6)$

（2）F 的波形如下图所示：

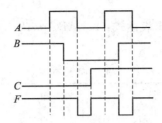

五、简述题

1. 常用的复合门有与非门、或非门、与或非门、异或门和同或门。其中，与非门的功能是"有 0 出 1，全 1 出 0"；或非门的功能是"有 1 出 0，全 0 出 1"；与或非门的功能是"只有当 1 个与门输出为 1，输出为 0，两个与门全部输出为 0 时，输出为 1"；异或门的功能是"相异出 1，相同出 0"；同或门的功能是"相同出 1，相异出 0"。

2. TTL 与非门采用的推挽输出，通常不允许将几个同类门的输出端并联起来使用，正常情况下，TTL 与非门输出对输入可实现与非逻辑；集电极开路的 TTL 与非门又称为 OC 门，多个 OC 门的输出端可并联起来使用，实现"线与"逻辑功能，还可用作与或非逻辑运算等；三态门和 TTL 与非门相比，结构上多出了一个使能端，让使能端处有效状态时，三态门与 TTL 与非门功能相同，若使能端处无效态，则三态门输出呈高阻态，这时无论输入如何，输出均为高阻态。

3. 若将与非门当作非门使用，只需将与非门的输入端并联起来即可；若将或非门当作非门使用，只需将其他输入端接地，让剩余的一个输入端作非门输入即可；若将异或门当作非门使用，只需将其他输入端接高电平，让剩余的一个输入端作非门输入即可。

4. TTL 门电路是不能采取提高电源电压的方式来提高电路抗干扰能力的。因为，TTL 集成电路的电源电压是特定的，其变化范围很窄，通常为 4.5 V～5.5 V。

第四章　组合逻辑电路

一、选择题

1. B　2. C　3. D　4. ACD　5. A　6. C　7. D　8. C　9. ABD　10. C　11. ABC　12. B　13. A　14. AB　15. C　16. B　17. B　18. A　19. D　20. B　21. A　22. B　23. B　24. D　25. C　26. D　27. C　28. C　29. D　30. A

二、判断题

1. ×　2. √　3. √　4. √　5. √　6. ×　7. √　8. √　9. ×　10. ×

三、填空题

1. 任意时刻的输出仅仅取决于该时刻的输入，与电路原来的状态无关

2. 组合逻辑电路；时序逻辑电路

3. 阴；阳　4. 低

5. 修改逻辑设计；在输出端接入滤波电容；屏蔽输入信号的尖峰干扰

6. 16；4　7. 译码　8. 单路；多路　9. 串行进位；超前进位　10. 3　11. 编码器；6

12. 2^n　　13. 速度慢;超前进位

14. 由于竞争而在电路输出端可能产生尖峰脉冲

四、分析设计题

1. 根据逻辑电路图写出逻辑表达式: $Y = AB\overline{C} + \overline{A}BC + A\overline{B}C$

列出真值表如下:

真　值　表

输	入		输	出
A	B	C		Y
0	0	0		0
0	0	1		0
0	1	0		0
0	1	1		1
1	0	0		0
1	0	1		1
1	1	0		1
1	1	1		0

由真值表可见,这是一个奇偶判别电路。即当输入变量 A、B、C 中的偶数个数为 1 时,输出 Y 等于 1。而当输入变量 A、B、C 中的奇数个数为 1 或全为 0 时,输出 Y 等于 0。

若用非门和与非门构成电路,则逻辑表达式应变换成与非式:

$$Y = \overline{\overline{AB\overline{C} + \overline{A}BC + A\overline{B}C}} = \overline{\overline{AB\overline{C}} \cdot \overline{\overline{A}BC} \cdot \overline{A\overline{B}C}} = \overline{\overline{AB\,\overline{C}} \cdot \overline{\overline{A}BC} \cdot \overline{A\,\overline{B}C}}$$

电路图如下:

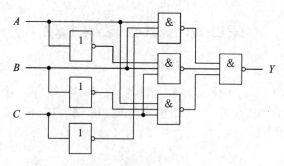

2. 根据图 4-2(a)和 4-2(b)逻辑电路图写出逻辑表达式为

(a) $Y = A\overline{B} + \overline{A}B$;(b) $Y = A\overline{B} + \overline{A}B$

可见,两个电路具有相同的逻辑表达式,因此其逻辑功能相同。电路实现的是异或逻辑功能。

3. 根据逻辑电路图写出逻辑表达式:

$$Y = ABC + \overline{A}\,\overline{B}\,\overline{C}$$

列出真值表如下:

真 值 表

输 入			输 出
A	B	C	Y
0	0	0	1
0	0	1	0
0	1	0	0
0	1	1	0
1	0	0	0
1	0	1	0
1	1	0	0
1	1	1	1

由真值表可见，这是一个同或门电路。即当输入变量 A、B、C 相同时，输出 Y 等于 1；当输入变量 A、B、C 不同时，输出 Y 等于 0。

4.

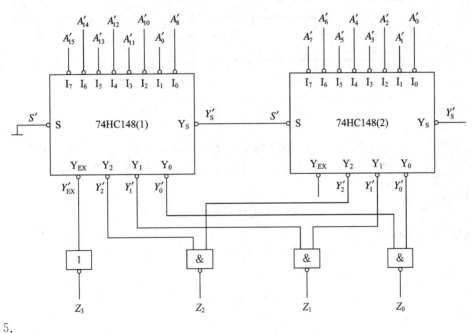

5.

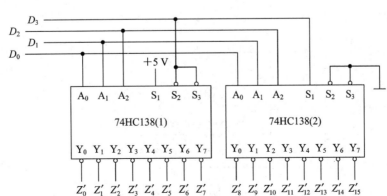

6. $F = m_1 + m_4 + m_5 = \overline{A}\,\overline{B}C + A\,\overline{B}\,\overline{C} + A\,\overline{B}C$

7. $F(A,B,C,D) = \sum m(1,3,6,7,9,11,14,15);$ $F = BC + \overline{B}D$

8. $F_1 = \overline{\overline{Y}_1\,\overline{Y}_4\,\overline{Y}_7} = \overline{\overline{m}_1\,\overline{m}_4\,\overline{m}_7} = m_1 + m_4 + m_7 = \overline{D}\,\overline{C}\,BA + \overline{D}CB\,\overline{A} + \overline{D}CBA$

同理得

$$F_2 = \overline{\overline{Y}_2\,\overline{Y}_5\,\overline{Y}_8} = m_2 + m_5 + m_8 = \overline{D}\,CB\overline{A} + \overline{D}CBA + D\overline{C}\,\overline{B}\,\overline{A}$$

$$F_3 = \overline{\overline{Y}_3\,\overline{Y}_6\,\overline{Y}_9} = m_3 + m_6 + m_9 = \overline{D}\,\overline{C}BA + \overline{D}CB\overline{A} + D\overline{C}\,\overline{B}A$$

★9. $\overline{Y}_0 = \overline{m}_0 = \overline{\overline{A}_2\,\overline{A}_1\,\overline{A}_0} = A_2 + A_1 + A_0$

若 CP 脉冲信号加在 $\overline{E}_3$ 端和 E_1 端，$\overline{Y}_0$ 的波形分别如下图(其余略)。

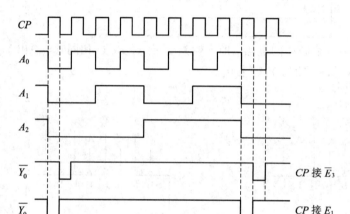

10. $A = 0$，片 1 工作，片 2 禁，片 2 输出均为高电平，可得 $F = \overline{\overline{Y}_6} = \overline{\overline{m}_6} = BC\overline{D}$；

$A = 1$，片 2 工作，片 1 禁，片 1 输出均为高电平，可得 $F = \overline{\overline{Y}_2} = \overline{\overline{m}_2} = \overline{B}C\overline{D}$；

所以

$$F = \overline{A}BC\overline{D} + A\,\overline{B}C\overline{D}$$

根据题意，需以 C 为降维变量，则

$$F = \overline{A}BC\overline{D} + A\overline{B}C\overline{D} = \overline{A}B\overline{D} \cdot C + A\overline{B}\,\overline{D} \cdot C = m_2 \cdot C + m_4 \cdot C$$

令 $A = A_2$，$B = A_1$，$D = A_0$，$D_2 = D_4 = C$，则

$$D_0 = D_1 = D_3 = D_5 = D_6 = D_7 = 0$$

电路图如下：

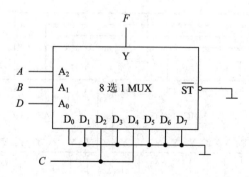

11. $Z = Y = D_0\overline{C}\,\overline{B}\,\overline{A} + D_1\overline{C}\,\overline{B}A + D_2\overline{C}B\overline{A} + D_3\overline{C}BA + D_4C\overline{B}\,\overline{A} +$

$\qquad D_5C\overline{B}A + D_6CB\overline{A} + D_7CBA$

$\qquad = D\overline{C}\,\overline{B}\,\overline{A} + D\overline{C}\,\overline{B}A + \overline{C}B\overline{A} + DC\overline{B}\,\overline{A} + DC\overline{B}A + \overline{D}CB\overline{A}$

$\qquad = D\overline{B} + \overline{C}B\overline{A} + \overline{D}B\overline{A}$

或 $\qquad = D\overline{B} + D\overline{C}\,\overline{A} + \overline{D}B\overline{A}$

12. $Z = NQ\overline{P} + \overline{N}QP$（过程略）

13. 若采用卡诺图法，令 $A_1 = B$，$A_0 = C$，则 $D_0 = A'$；$D_1 = A$；$D_2 = 0$；$D_3 = 1$

（1）

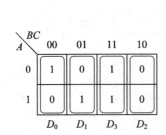
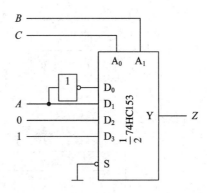

（2）

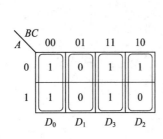
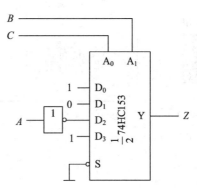

14. $Y_1 = m_7 + m_5 + m_1 = \overline{\overline{m_7} \cdot \overline{m_5} \cdot \overline{m_1}}$

$\qquad Y_2 = m_1 + m_4 + m_7 + m_3 = \overline{\overline{m_1} \cdot \overline{m_4} \cdot \overline{m_7} \cdot \overline{m_3}}$

$\qquad Y_3 = m_0 + m_4 + m_5 = \overline{\overline{m_0} \cdot \overline{m_4} \cdot \overline{m_5}}$

由上式可得电路图如下：

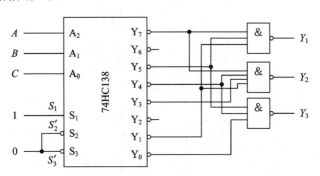

用 8 选 1 数据选择器实现函数 $Y_2 = \overline{A}\overline{B}C + A\overline{B}\overline{C} + BC$。

首先作出该函数的卡诺图，将函数输出变量 A、B、C 作为 8 选 1 数据选择器的地址，各数据输出端分别为

$$D_0 = 0 \quad D_2 = 0 \quad D_4 = 1 \quad D_6 = 0$$
$$D_1 = 1 \quad D_3 = 1 \quad D_5 = 0 \quad D_7 = 1$$

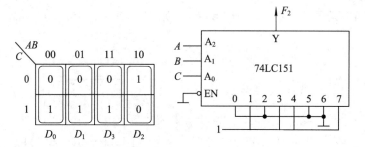

★15. 真值表如下：

真 值 表

$X_2\ X_1\ X_0$	$F_2\ F_1\ F_0$
0　0　0	0　0　1
0　0　1	0　0　1
0　1　0	1　0　0
0　1　1	1　0　1
1　0　0	1　1　0
1　0　1	1　1　1
1　1　0	0　0　0
1　1　1	0　0　0

设 $X(X_2 X_1 X_0)$，$F(F_2 F_1 F_0)$，则

$$F_2 = m_2 + m_3 + m_4 + m_5 = \overline{\overline{m_2}\ \overline{m_3}\ \overline{m_4}\ \overline{m_5}} = \overline{\overline{Y}_2\ \overline{Y}_3\ \overline{Y}_4\ \overline{Y}_5}$$

$$F_1 = \overline{\overline{Y}_4\ \overline{Y}_5}$$

$$F_0 = \overline{\overline{Y}_0\ \overline{Y}_1\ \overline{Y}_3\ \overline{Y}_5}$$

逻辑电路图如下：

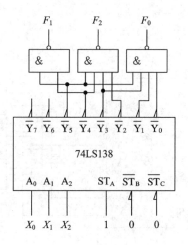

16. $Y = A\overline{C}D + \overline{A}\overline{B}CD + BC + BC\overline{D} = m_3 + m_6 + m_7 + m_9 + m_{13} + m_{14} + m_{15}$

$= \overline{\overline{m_3} \cdot \overline{m_6} \cdot \overline{m_7} \cdot \overline{m_9} \cdot \overline{m_{13}} \cdot \overline{m_{14}} \cdot \overline{m_{15}}}$

令 $A_3 = A$，$A_2 = B$，$A_1 = C$，$A_0 = D$，则 $\overline{Y}_0 \sim \overline{Y}_{15} \rightarrow \overline{m}_0 \sim \overline{m}_{15}$，$Y'_0 \sim Y'_{15} \rightarrow m'_0 \sim m'_{15}$。

由上式可得电路图如下：

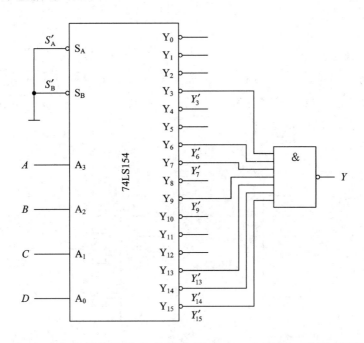

17. 用 E、F、G 三个变量作为输入变量分别对应 3 个车间，并设车间开工为 1，不开工为 0；X、Y 两个变量作为输出变量分别对应 2 台发电机，并设电机启动为 1，停止为 0。根据题意可列真值表如下：

真 值 表

输 入			输 出	
E	F	G	X	Y
0	0	0	0	0
0	0	1	1	0
0	1	0	1	0
0	1	1	0	1
1	0	0	1	0
1	0	1	0	1
1	1	0	0	1
1	1	1	1	1

由真值表写出逻辑表达式：

$$X = \overline{E}\,\overline{F}G + \overline{E}F\overline{G} + E\overline{F}\,\overline{G} + EFG$$

$$Y = \overline{E}FG + E\overline{F}G + EF\overline{G} + EFG$$

(1) 用全加器实现：

令 $CI=E$，$A=F$，$B=G$，则 $S=X$，$CO=Y$。

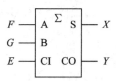

(2) 用译码器实现：

$$X=\overline{E}\,\overline{F}G+\overline{E}F\overline{G}+E\overline{F}\,\overline{G}+EFG=m_1+m_2+m_4+m_7=\overline{\overline{m_1}\cdot\overline{m_2}\cdot\overline{m_4}\cdot\overline{m_7}}$$

$$Y=\overline{E}FG+E\overline{F}G+EF\overline{G}+EFG=m_3+m_5+m_6+m_7=\overline{\overline{m_3}\cdot\overline{m_5}\cdot\overline{m_6}\cdot\overline{m_7}}$$

令 $A_2=E$，$A_1=F$，$A_0=G$，则 $\overline{Y}_0\sim\overline{Y}_7\rightarrow\overline{m}_0\sim\overline{m}_7$。

电路图如下：

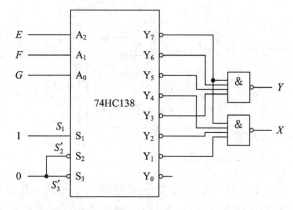

(3) 用门电路实现，门电路种类不限。

$$X=\overline{E}\,\overline{F}G+\overline{E}F\overline{G}+E\overline{F}\,\overline{G}+EFG=G(\overline{E}\,\overline{F}+EF)+\overline{G}(\overline{E}F+E\overline{F})$$

$$=G\,\overline{(E\oplus F)}+\overline{G}(E\oplus F)$$

$$=E\oplus F\oplus G$$

$$Y=\overline{E}FG+E\overline{F}G+EF\overline{G}+EFG=G(\overline{E}F+E\overline{F})+EF(\overline{G}+G)$$

$$=G(E\oplus F)+EF$$

电路图如下：

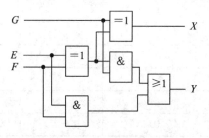

18. X、Y 两个变量作为输出变量分别对应两台发电机，并设电机启动为 1，停止为 0。经过分析可得真值表如下：

真 值 表

A	B	C	X	Y
0	0	0	0	0
0	0	1	0	1
0	1	0	1	0
0	1	1	0	1
1	0	0	1	0
1	0	1	0	1
1	1	0	0	1
1	1	1	1	1

通过化简计算可得：$X = \overline{A}B\overline{C} + A\overline{B}\,\overline{C} + ABC$

$$Y = m_1 + m_3 + m_5 + m_6 + m_7 = AB + C$$

变换函数式：$X = \overline{A}B\overline{C} + A\overline{B}\,\overline{C} + ABC = \overline{\overline{\overline{A}B\overline{C}} \cdot \overline{A\overline{B}\,\overline{C}} \cdot \overline{ABC}}$

$$Y = AB + C = \overline{\overline{AB} \cdot \overline{C}}$$

电路图略。

19. 电路功能描述：设 3 个输入变量分别对应主裁判为变量 A，副裁判分别为变量 B 和 C；表示对应的输出变量为 F。当裁判按下按钮时，表示认定成功举起，输入变量取值为 1，否则为 0；当成功与否的信号灯亮时，F 为 1，否则为 0。根据逻辑要求列出真值表如下：

真 值 表

A	B	C	F
0	0	0	0
0	0	1	0
0	1	0	0
0	1	1	0
1	0	0	0
1	0	1	1
1	1	0	1
1	1	1	1

根据真值表可得到逻辑表达式为

$$F = A\overline{B}C + AB\overline{C} + ABC$$

用卡诺图化简逻辑函数，图（略），化简后得到的逻辑表达式为

$$F = AB + AC$$

（1）采用与非门实现逻辑线路，变换函数：$F = \overline{\overline{AB} \cdot \overline{AC}}$，可得到如下逻辑电路图。

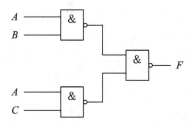

（2）采用或非门实现逻辑线路，变换函数：$F=AB+AC=A(B+C)=\overline{\overline{A}+\overline{(B+C)}}$，可得到逻辑电路图（略）。

★20．（1）当 $D=0$ 时，$F_1=\overline{\overline{Y_4}\,\overline{Y_6}\,\overline{Y_7}}=\overline{\overline{m_4}\,\overline{m_6}\,\overline{m_7}}=M_4M_6M_7$

$$F_2=\overline{\overline{Y_0}\,\overline{Y_3}\,\overline{Y_4}}=m_0+m_3+m_4$$

当 $D=1$ 时，$F_2=0$，$F_1=1$。（注意：D 为高位）

由上式可得卡诺图如下：

BC＼DA	00	01	11	10
00	1	0	1	1
01	1	1	1	1
11	1	0	1	1
10	1	0	1	1

BC＼DA	00	01	11	10
00	1	1	0	0
01	0	0	0	0
11	1	0	0	0
10	0	0	0	0

$$F_1=(D+\overline{A}+C)(D+\overline{A}+\overline{B})$$

$$F_2=\overline{D}(\overline{B}+C)(B+\overline{C})(\overline{A}+\overline{B})$$

（2）当 $ABCD=0000$ 或 0110 时，$F_2=F_1=1$。

21．$Y_1=(D_{10}\overline{A_1}\cdot\overline{A_0}+D_{11}\overline{A_1}\cdot A_0+D_{12}A_1\overline{A_0}+D_{13}A_1A_0)\cdot S_1$

$$Y_2=(D_{20}\overline{A_1}\cdot\overline{A_0}+D_{21}\overline{A_1}\cdot A_0+D_{22}A_1\overline{A_0}+D_{23}A_1A_0)\cdot S_2$$

电路连接图如下：

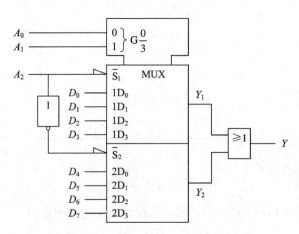

22. (1) $A=0$ 时, 数选器 1 工作, 数选器 2 禁止, 2W$=0$, $F=1$W$=B\overline{C}D+\overline{B}C\overline{D}+BC$;

$A=1$ 时, 数选器 2 工作, 数选器 1 禁止, 1W$=0$, $F=2$W$=\overline{B}\,\overline{C}\,D+\overline{B}C+B\overline{C}\,\overline{D}+BC$

所以, F 的最小项表达式为

$$F=\overline{A}(B\overline{C}D+\overline{B}C\overline{D}+BC)+A(\overline{B}\,\overline{C}\,D+\overline{B}C+B\overline{C}\,\overline{D}+BC)$$

$$=\sum m\,(2,5,6,7,8,10,11,12,14,15)$$

(2) 改用 8 选 1 实现函数 F, 其逻辑电路图如下:

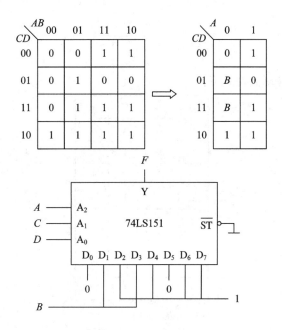

★23. 根据题意可得以下逻辑关系表:

十六进制地址码	对应二进制地址码							
	A_7	A_6	A_5	A_4	A_3	A_2	A_1	A_0
A8H	1	0	1	0	1	0	0	0
A9H	1	0	1	0	1	0	0	1
AAH	1	0	1	0	1	0	1	0
ABH	1	0	1	0	1	0	1	1
ACH	1	0	1	0	1	1	0	0
ADH	1	0	1	0	1	1	0	1
AEH	1	0	1	0	1	1	1	0
AFH	1	0	1	0	1	1	1	1

由上表设计电路图如下:

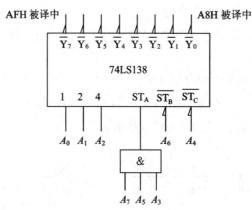

24.（1）依题意得真值表如下：

A	B	C	F
0	0	0	1
0	0	1	0
0	1	0	0
0	1	1	1
1	0	0	0
1	0	1	1
1	1	0	1
1	1	1	1

由真值表可得：$F = m_0 + m_3 + m_5 + m_6 + m_7$

（2）选用 8 选 1 数选器 74LS151 实现该逻辑电路图如下：

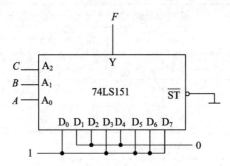

25.（1）填写卡诺图如下：

AB \ CD	00	01	11	10
00	0	0	1	1
01	1	0	0	0
11	1	0	0	0
10	0	1	1	0

最简与或式为：$F = \overline{A}\,\overline{B}D + A\,\overline{C}\,\overline{D} + BC\overline{D}$

（2）三维降维卡诺图如下：

C \ AB	00	01	11	10
0	D	0	$\overline{D}$	$\overline{D}$
1	D	$\overline{D}$	$\overline{D}$	0

26. 由题意，分析可得真值表为：

M	A	B	C	Y
0	0	0	0	0
0	0	0	1	0
0	0	1	0	0
0	0	1	1	1
0	1	0	0	0
0	1	0	1	1
0	1	1	0	1
0	1	1	1	1
1	0	0	0	1
1	0	0	1	0
1	0	1	0	0
1	0	1	1	0
1	1	0	0	0
1	1	0	1	0
1	1	1	0	0
1	1	1	1	1

由真值表可得输出函数表达式为

$$Y = \overline{M}\,\overline{A}BC + \overline{M}A\,\overline{B}C + \overline{M}AB\,\overline{C} + \overline{M}ABC + M\,\overline{A}\,\overline{B}\,\overline{C} + MABC$$

8 选 1 数据选择器的表达式为

$$Y = D_0(\overline{A}_2\overline{A}_1\overline{A}_0) + D_1(\overline{A}_2\overline{A}_1 A_0) + D_2(\overline{A}_2 A_1\overline{A}_0) + D_3(\overline{A}_2 A_1 A_0) + D_4(A_2\overline{A}_1\overline{A}_0) +$$
$$D_5(A_2\overline{A}_1 A_0) + D_6(A_2 A_1\overline{A}_0) + D_7(A_2 A_1 A_0)$$

所以

$$D_0 = M$$
$$D_1 = D_2 = D_4 = 0$$
$$D_3 = D_5 = D_6 = \overline{M}$$
$$D_7 = 1$$

根据以上设计结果画出电路图如下：

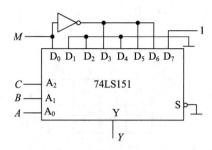

27. (1) $F = \overline{\overline{AD} \cdot \overline{AC} \cdot \overline{BCD}} = AD + AC + BCD$

卡诺图如下:

CD \ AB	00	01	11	10
00				
01			1	1
11		1	1	1
10			1	1

所以议案通过的情况共有 7 种,分别为:0111、1001、1011、1010、1101、1111、1110。

(2) 通过分析可知,当 A 为 1 时,议案通过的情况最多,所以 A 的权力最大。

第五章　集成触发器

一、选择题

1. B　2. C　3. D　4. A　5. C　6. C　7. ABD　8. D　9. ABD　10. D　11. ABC
12. C　13. A　14. B　15. B　16. C　17. D　18. A　19. C　20. A　21. C
22. A　23. C　24. C　25. C　26. C　27. A　28. A　29. A　30. A

二、判断题

1. ×　2. √　3. √　4. √　5. √　6. ×　7. ×　8. ×　9. √　10. ×

三、填空题

1. 2;8

2. 0;0

3. 空翻现象;主从;边沿

4. 空翻

5. 一次翻转

6. $\overline{S}_D + \overline{R}_D = 1$

7. 主从

8. 时序图

9. 边沿

10. 上升

11. 0；1；Q

12. 1

13. 置 1；置 0；保持

14. 置 1；置 0；保持；计数（翻转）；$Q^{n+1}=J\overline{Q}^n+\overline{K}Q^n$

15. 置 0；置 1；$Q^{n+1}=D$；计数（翻转）

16. 2；1

17. 1；1

18. 电平触发；边沿触发

19. T 触发器

20. $Q^{n+1}=S+\overline{R}Q^n$

21. 256

22. D 触发器

23. 双

24. 边沿

25. T

四、分析题

1. 输出端 Q、$\overline{Q}$ 的电压波形图如下：

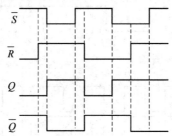

2. 输出端 Q、$\overline{Q}$ 的电压波形图如下：

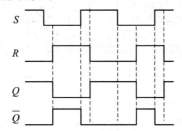

3. 输出端 Q 的波形图如下：

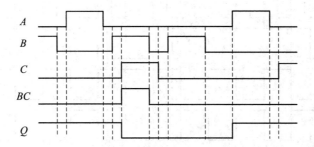

4. Q 的波形图如下：

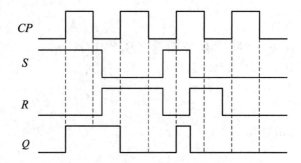

5. Q、$\overline{Q}$ 端对应的电压波形图如下：

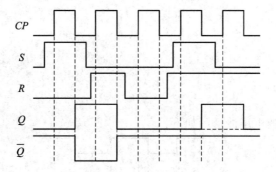

6. Q、$\overline{Q}$ 端对应的电压波形图如下：

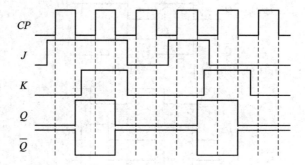

7. Q、$\overline{Q}$ 的电压波形图如下：

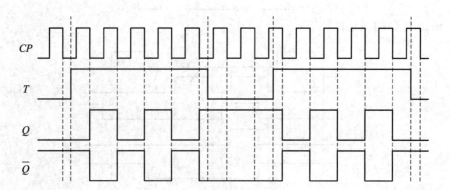

8. 输出 Q 的波形图如下：

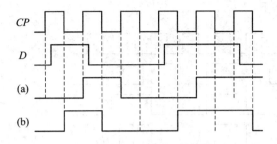

9. Q、$\overline{Q}$ 端的波形图如下：

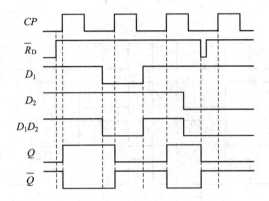

10. 因为 $D_0 = \overline{Q_1}$，$D_1 = Q_0$。所以 $Q_0^* = \overline{Q_1}$，$Q_1^* = Q_0$。

即两个 D 触发器的输入信号分别为另一个 D 触发器的输出信号，故在确定它们输出端波形时，应该分段交替画出其波形，如下图所示。

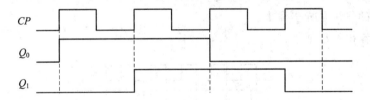

11. 波形图如下：

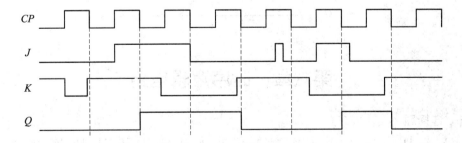

12. 逻辑电路的次态方程如下：

图(a)：$Q^{n+1} = A$　　图(b)：$Q^{n+1} = Q^n$　　图(c)：$Q^{n+1} = \overline{Q^n}$

图(d)：$Q^{n+1} = \overline{Q^n}$　　图(e)：$Q^{n+1} = \overline{Q^n}$　　图(f)：$Q^{n+1} = Q^n$

★13. (1) $Q^{n+1} = J\overline{Q^n} + \overline{K}Q^n$

(2) Q 的波形图如下:

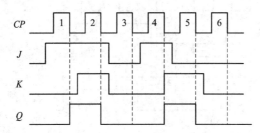

★14. 波形图如下:

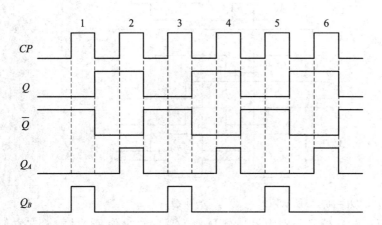

15. (1) 状态方程为

$$Q^{n+1} = A \oplus \overline{Q^n}$$

(2) B 端的作用是异步清零。

(3) Q 的输出波形如下:

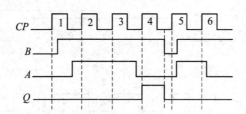

第六章　时序逻辑电路

一、选择题

1. A　2. D　3. C　4. B　5. B　6. A　7. B　8. B　9. B　10. D　11. D　12. A　13. B

14. A　15. C　16. D　17. A　18. A　19. D　20. B　21. B　22. B　23. B　24. D

25. B　26. D　27. C　28. D　29. A　30. B　31. C　32. D　33. C　34. C　35. A

二、判断题

1. √　2. √　3. ×　4. √　5. ×　6. ×　7. √　8. ×　9. √　10. ×　11. √
12. ×　13. ×　14. √　15. ×　16. √　17. √　18. √　19. ×　20. ×　21. √
22. √　23. √　24. √　25. ×　26. √　27. ×　28. √　29. √　30. √　31. ×
32. √　33. ×　34. ×　35. ×

三、填空题

1. 数码；移位

2. 组合逻辑电路；时序逻辑电路

3. 4

4. 同步；异步

5. 0000；1001

6. 4

7. 1000

8. 7

9. N

10. $2N$

11. 1/2 或 0.5 或 50%

12. 移位方向

13. 移存

14. 复位

15. 组合逻辑；存储；存储

16. 输出方程；驱动方程；状态方程

17. 时钟；时钟；时钟 CP；时钟

18. 有效状态；自动返回有效状态

19. 同步清零；异步清零；同步置数；异步置数；反馈清零；反馈置数

20. 4；16；15

21. 320 kHz；40 kHz；2.5 kHz

22. 寄存器；数码寄存器；移位寄存器

23. 4；4

24. 顺序脉冲发生器

25. 复杂

四、分析题

1. 图 6-4 所示电路属同步时序电路，时钟方程省去。

输出方程：
$$Y = \overline{X\overline{Q_1}} = \overline{X} + Q_1$$

驱动方程：
$$\begin{cases} T_1 = X \oplus Q_0 \\ T_0 = 1 \end{cases}$$

T 触发器的特性方程：
$$Q^* = T \oplus Q$$

将各触发器的驱动方程代入特性方程，即得电路的状态方程：

$$\begin{cases} Q_1^* = T_1 \oplus Q_1 = X \oplus Q_0 \oplus Q_1 \\ Q_0^* = T_0 \oplus Q_0 = 1 \oplus Q_0 = \overline{Q_0} \end{cases}$$

列状态转换表如下：

输入	现　态		次　态		输出
X	Q_1	Q_0	Q_1^*	Q_0^*	Y
0	0	0	0	1	1
0	0	1	1	0	1
0	1	0	1	1	1
0	1	1	0	0	1
1	0	0	1	1	0
1	0	1	0	0	0
1	1	0	0	1	1
1	1	1	1	0	1

画状态转换图和时序波形图如下：

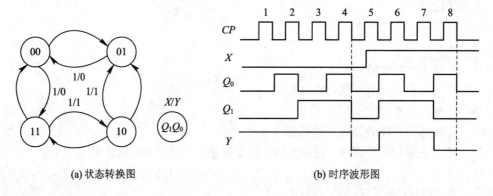

　　　　(a) 状态转换图　　　　　　　　　　　(b) 时序波形图

由状态图可以看出，当输入 $X=0$ 时，在时钟脉冲 CP 的作用下，电路的 4 个状态按递增规律循环变化，即

$$00 \rightarrow 01 \rightarrow 10 \rightarrow 11 \rightarrow 00 \rightarrow \cdots$$

当 $X=1$ 时，在时钟脉冲 CP 的作用下，电路的 4 个状态按递减规律循环变化，即

$$00 \rightarrow 11 \rightarrow 10 \rightarrow 01 \rightarrow 00 \rightarrow \cdots$$

可见，该电路既具有递增计数功能，又具有递减计数功能，是一个 2 位二进制同步可逆计数器。

2. 驱动方程为

$$\begin{cases} J_1 = \overline{Q_3} & K_1 = 1 \\ J_2 = Q_1 & K_2 = Q_1 \\ J_3 = Q_1 Q_2 & K_3 = 1 \end{cases}$$

状态方程为

$$\begin{cases} Q_1^* = \overline{Q_3}\,\overline{Q_1} \\ Q_2^* = Q_1\overline{Q_2} + \overline{Q_1}Q_2 = Q_1 \oplus Q_2 \\ Q_3^* = Q_1 Q_2 \overline{Q_3} \end{cases}$$

输出方程为

$$Y = Q_3$$

3. 该电路为异步时序逻辑电路。具体分析如下：

(1) 写出各逻辑电路方程式如下：

① 时钟方程：

$$CP_0 = CP \quad (\text{时钟脉冲源的上升沿触发})$$

$$CP_1 = Q_0 \quad (\text{当 FF}_0 \text{ 的 } Q_0 \text{ 由 } 0{\to}1 \text{ 时，} Q_1 \text{ 才可能改变状态})$$

② 输出方程：

$$Z = \overline{Q_0 + Q_1} = \overline{Q_0}\,\overline{Q_1}$$

③ 各触发器的驱动方程：

$$D_0 = \overline{Q_0}, \quad D_1 = \overline{Q_1}$$

(2) 将各触发器的驱动方程代入 D 触发器的特性方程，得各触发器的状态方程：

$$Q_0^* = D_0 = \overline{Q_0} \quad (CP \text{ 由 } 0{\to}1 \text{ 时，此式有效})$$

$$Q_1^* = D_1 = \overline{Q_1} \quad (Q_0 \text{ 由 } 0{\to}1 \text{ 时，此式有效})$$

(3) 列状态转换表如下：

时钟脉冲 $CP_1\ CP_0$	现 态 $Q_1\ Q_0$	次 态 $Q_1^{n+1}\ Q_0^{n+1}$	输出 Z
↑ ↑	0 0	1 1	1
0 ↑	1 1	1 0	0
↑ ↑	1 0	0 1	0
0 ↑	0 1	0 0	0

(4) 画状态转换图和时序波形图如下：

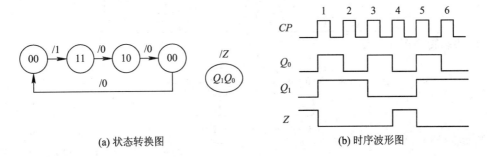

(a) 状态转换图   (b) 时序波形图

(5) 逻辑功能分析。

由状态转换图可知：该电路一共有 4 个状态 00、01、10、11，在时钟脉冲作用下，按照减 1 规律循环变化，所以是一个异步四进制减法计数器，Z 是借位信号。

4. 波形图如下:

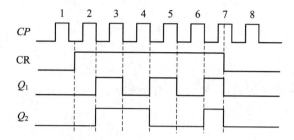

5. 图 6-8 所示电路属同步时序电路,时钟方程省去。

驱动方程:

$$\begin{cases} J_1 = \overline{Q}_3 & K_1 = 1 \\ J_2 = Q_1 & K_2 = Q_1 \\ J_3 = Q_2 & K_3 = \overline{Q}_2 \end{cases}$$

将各触发器的驱动方程代入特性方程,即得电路的状态方程:

$$\begin{cases} Q_1^* = \overline{Q}_3 \overline{Q}_1 \\ Q_2^* = Q_1 \overline{Q}_2 + \overline{Q}_1 Q_2 = Q_1 \oplus Q_2 \\ Q_3^* = Q_2 \overline{Q}_3 + Q_2 Q_3 = Q_2 \end{cases}$$

列状态转换表如下:

CP	Q_3	Q_2	Q_1	Q_3^*	Q_2^*	Q_1^*
1	0	0	0	0	0	1
2	0	0	1	0	1	0
3	0	1	0	1	1	1
4	1	1	1	1	0	0
5	1	0	0	0	0	0
1	0	1	1	1	0	0
1	1	0	1	0	1	0
1	1	1	0	1	1	0

画状态转换图如下:

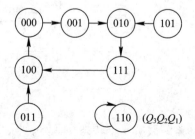

由状态转换图可知,该电路属同步五进制计数器,不具备自启动功能。

6. 对应的状态图如下：

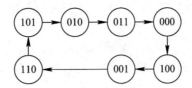

由状态转换图可知，该电路属同步十进制计数器。

7. 该逻辑电路属同步时序电路，时钟方程省去。

驱动方程：
$$\begin{cases} J_0 = D & K_0 = \overline{D} \\ J_1 = Q_0 & K_1 = \overline{Q}_0 \\ J_2 = Q_1 & K_2 = \overline{Q}_1 \end{cases}$$

将各触发器的驱动方程代入特性方程，即得电路的状态方程：
$$\begin{cases} Q_0^* = D\overline{Q}_0 + DQ_0 = D \\ Q_1^* = Q_0\overline{Q}_1 + Q_0Q_1 = Q_0 \\ Q_2^* = Q_1\overline{Q}_2 + Q_1Q_2 = Q_1 \end{cases}$$

列状态转换表如下：

CP	D	Q_0	Q_1	Q_2
0	0	0	0	0
1	1	1	0	0
2	0	0	1	0
3	1	1	0	1
4	0	0	1	0
5	0	0	0	1
6	1	1	0	0

该电路属于三位右移移位寄存器。

8. 对应的状态转换图如下：

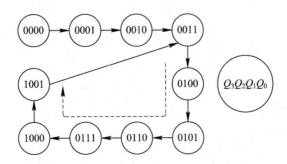

这是一个七进制的计数器。

9. 驱动方程：

$$\begin{cases} D_1 = A\overline{Q}_2 \\ D_2 = A\overline{\overline{Q}_1}\,\overline{\overline{Q}_2} = A(Q_1 + Q_2) \end{cases}$$

输出方程：

$$Y = AQ_2\overline{Q}_1$$

将驱动方程代入 JK 触发器的特性方程后得到状态方程为

$$\begin{cases} Q_1^{n+1} = A\overline{Q}_2 \\ Q_2^{n+1} = A(Q_1 + Q_2) \end{cases}$$

电路的状态转换图如下：

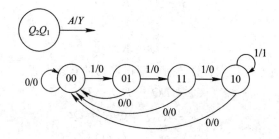

10. 驱动方程：

$$J_1 = K_1 = \overline{Q}_3$$
$$J_2 = K_2 = Q_1$$
$$J_3 = Q_1 Q_2$$
$$K_3 = Q_3$$

输出方程：$Y = Q_3$

将驱动方程代入 JK 触发器的特性方程后得到状态方程为

$$Q_1^{n+1} = \overline{Q_3\,\overline{Q}_1} + Q_3 Q_1 = Q_3 \odot Q_1$$
$$Q_2^{n+1} = Q_1\overline{Q}_2 + \overline{Q}_1 Q_2 = Q_2 \oplus Q_1$$
$$Q_3^{n+1} = \overline{Q}_3 Q_2 Q_1$$

电路能自启动。状态转换图如下所示,电路为模 5 计数器。

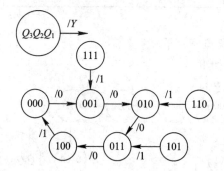

11. (1) 计数器状态

功能：模 8 计数器

（2）F 的波形图如下所示：

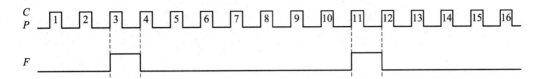

12.（1）模 8，可以自启动。

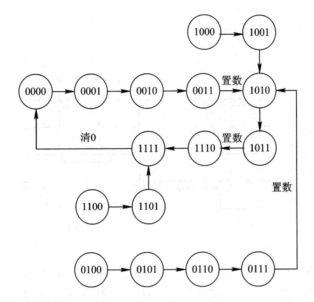

（2）模 6，可以自启动。

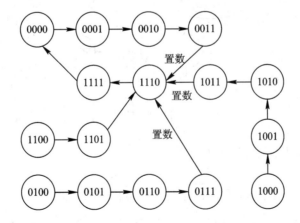

13.（1）$X=0$ 时，电路为八进制加计数器。状态转换图如下：

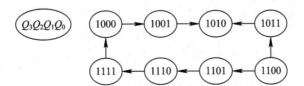

状态转换图如下：

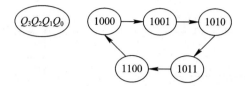

（2）$X=0$ 时，电路为八进制加计数器。

$X=0$ 时，电路为五进制加计数器。

14.（1）74LS161 接成六进制计数器。

（2）波形图如下：

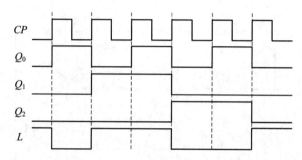

15. 芯片（1）的计数范围为 $0011\sim1001$，模值等于 7；芯片（2）的计数范围为 $1100\sim1111$，模值等于 4。

级间为异步级联，构成模值等于 $4\times7=28$ 的计数器。故分频比 $N=f_Z : f_{CP}=1 : 28$。

16.（1）74LS194（四位双向移位寄存器）的状态转移图（起始状态为 0110）如下所示。

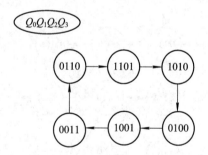

（2）输出端 Z 的最小项表达式如下：

$$Z=m_1+m_4+m_6$$

17. 根据功能表及电路图，可作出电路的状态转移图如下：

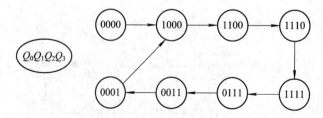

由状态转移图分析，可知电路完成模 7 计数分频。

18. 根据状态表可画出该电路的状态图如下：

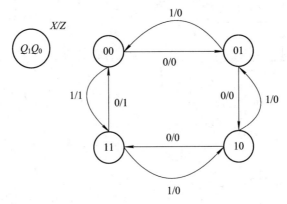

19. 74LS194 电路的状态转移功能图如下：

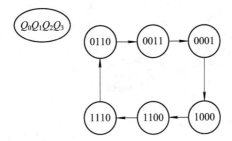

该电路实现的功能为：六进制计数器。

五、设计题

1.

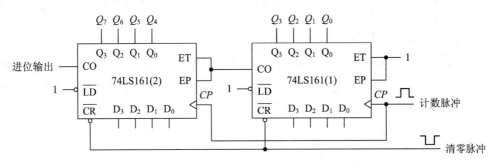

2.

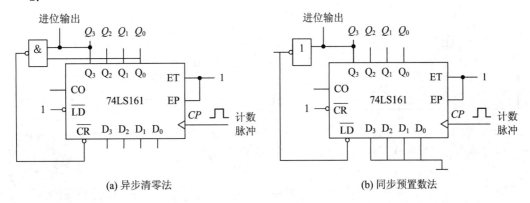

(a) 异步清零法　　　　　　　　　　　　　(b) 同步预置数法

3.

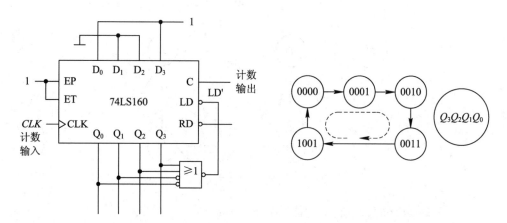

4.

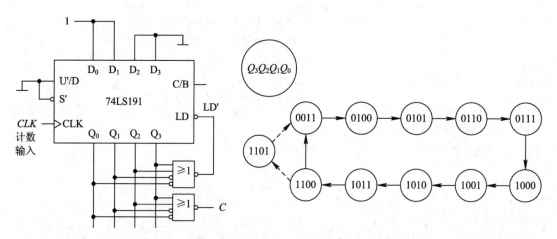

5. 因为 $N=48$，而 74LS160 为模值为 10 的计数器，所以要用两片 74LS160 构成此计数器。先将两芯片采用并行进位方式连接成一百进制计数器，然后再用异步清零法组成了四十八进制计数器。

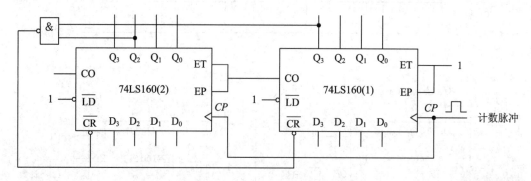

★6. 因为 $32768=2^{15}$，经 15 级二分频，即可获得频率为 1 Hz 的脉冲信号。因此将四片 74LS161 级联，从高位片(4)的 Q_2 输出即可。

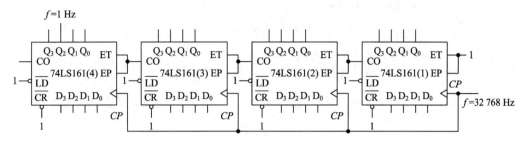

7. 由于序列长度 $P=8$，故将 74LS161 构成模 8 计数器，并选用数据选择器 74LS151 产生所需序列，从而得到电路图如下所示。

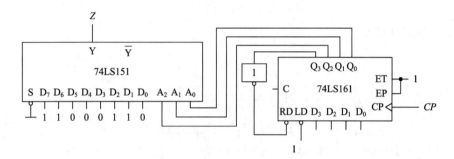

8. 本题是同步计数器的设计，分析步骤如下：

（1）根据设计要求设定状态，画出状态转换图（如右图）。该状态图不需化简。

（2）状态分配，列状态转换编码表如下。由题意要求知 $M=5$，故应取触发器位数 $n=3$，因为 $2^2 < 5 < 2^3$。

（3）画出电路的次态卡诺图如下。

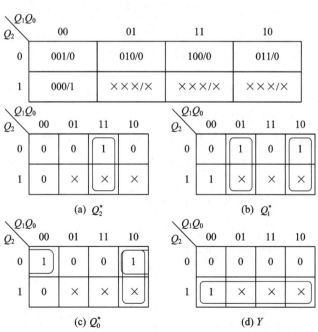

经简化得到电路的状态方程如下:

$$\begin{cases} Q_0^* = \overline{Q_2}\,\overline{Q_0} + Q_1\overline{Q_0} = \overline{Q_2\,\overline{Q_1}\,Q_0} \\ Q_1^* = Q_0\overline{Q_1} + \overline{Q_0}Q_1 \\ Q_2^* = Q_1Q_0 = Q_1Q_0\overline{Q_2} + Q_1Q_0Q_2 \end{cases}$$

(4) 选择触发器。用 JK 触发器,则可列出有关 JK 触发器驱动方程和进位输出方程如下:

$$\begin{cases} J_0 = \overline{Q_2\,\overline{Q_1}} & K_0 = 1 \\ J_1 = Q_0 & K_1 = Q_0 & Y = Q_2 \\ J_2 = Q_1Q_0 & K_2 = \overline{Q_1Q_0} \end{cases}$$

(5) 画逻辑电路图。

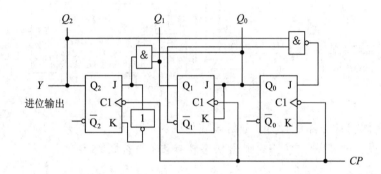

(6) 检查能否自启动。

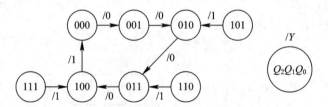

可见,如果电路进入无效状态 101、110、111,则可在 CP 脉冲作用下,分别进入有效状态 010、011、100。所以电路能够自启动。

★9. 分析时序图可知,输出 Z 是周期为 6 个时钟脉冲的序列信号。

(1) 用 74LS161 构成 6 计数器,采用同步置 0 法,状态转移图如下。

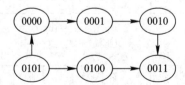

（2）实现时序功能，列真值表如下。

Q_2	Q_1	Q_0	Z
0	0	0	0
0	0	1	1
0	1	0	1
0	1	1	0
1	0	0	CP
1	0	1	0

（3）用 74LS151 实现真值表功能。设 $A_2A_1A_0 = Q_2Q_1Q_0$，74LS151 的 $D_0 \sim D_5$ 分别赋值 0、1、1、0、CP、0，连线如下图。

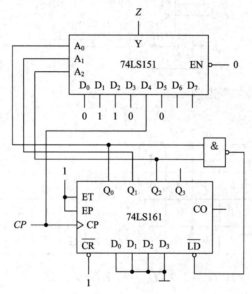

10. （1）循环序列为 11 位，先用 74LS161 设计一个模 11 计数器，采用同步置数法。

（2）列真值表如下：

Q_3	Q_2	Q_1	Q_0	Z
0	0	0	0	1
0	0	0	1	0
0	0	1	0	0
0	0	1	1	1
0	1	0	0	1
0	1	0	1	1
0	1	1	0	0
0	1	1	1	1
1	0	0	0	0
1	0	0	1	0
1	0	1	0	1

$$Y = \sum_{i=0}^{7} m_i D_i = \overline{A}_2 \overline{A}_1 \overline{A}_0 D_0 + \overline{A}_2 \overline{A}_1 A_0 D_1 + \overline{A}_2 A_1 \overline{A}_0 D_2 + \overline{A}_2 A_1 A_0 D_3 +$$

$$A_2 \overline{A}_1 \overline{A}_0 D_4 + A_2 \overline{A}_1 A_0 D_5 + A_2 A_1 \overline{A}_0 D_6 + A_2 A_1 A_0 D_7$$

令 $A_2 = Q_2$, $A_1 = Q_1$, $A_0 = Q_0$, $D_0 = D_3 = D_4 = D_5 = D_7 = \overline{Q}_3$, $D_2 = Q_3$, 则

$$Z = \overline{Q}_3 \cdot \overline{Q}_2 \overline{Q}_1 \overline{Q}_0 + \overline{Q}_3 \cdot \overline{Q}_2 Q_1 Q_0 + \overline{Q}_3 \cdot Q_2 \overline{Q}_1 \overline{Q}_0 + \overline{Q}_3 \cdot Q_2 \overline{Q}_1 Q_0 +$$

$$\overline{Q}_3 \cdot Q_2 Q_1 Q_0 + Q_3 \cdot \overline{Q}_2 Q_1 \overline{Q}_0$$

以 Q_3 为数据输入端的接法如下图:

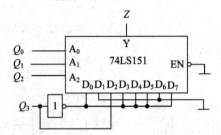

(3) 以 Q_2 为记图变量,卡图降维。

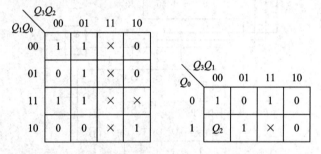

(4) 令 $D_0 = D_3 = D_6 = 1$, $D_2 = D_4 = D_5 = 0$, $D_7 = \times$, $D_1 = Q_2$,

　　$A_2 = Q_3$, $A_1 = Q_1$, $A_0 = Q_0$。

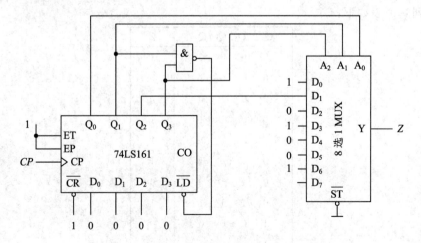

★11. （1）列真值表如下：

$(Q_3$	Q_2	Q_1	$Q_0)^n$	$(Q_3$	Q_2	Q_1	$Q_0)^{n+1}$	Z
1	0	1	0	1	0	1	1	1
1	0	1	1	1	1	0	0	1
1	1	0	0	1	1	0	1	0
1	1	0	1	1	1	1	0	1
1	1	1	0	1	1	1	1	0
1	1	1	1	0	0	0	0	0
0	0	0	0	1	0	1	0	1

设计电路如下图所示。

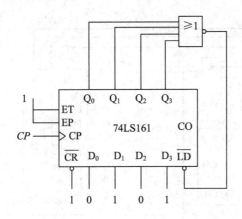

（2）由状态转移表可以看出，Q_3 只在设计计数器时起作用，对序列信号的产生无影响。
电路图如下：

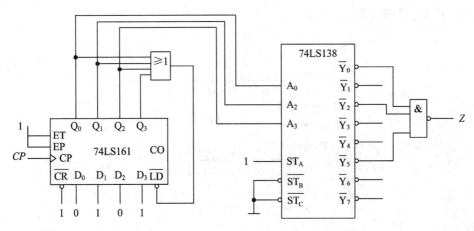

12. (1) 状态转移真值表如下：

$(Q_2$	Q_1	$Q_0)^n$	$(Q_2$	Q_1	$Q_0)^{n+1}$	Z
0	0	1	0	1	0	0
0	1	0	0	1	1	0
0	1	1	1	0	0	CP
1	0	0	1	0	1	0
1	0	1	1	1	0	CP
1	1	0	0	0	1	0

(2) Z 的表达式：

$$Z=(\overline{Q}_2 Q_1 Q_0 + Q_2 \overline{Q}_1 Q_0)CP$$

(3) 逻辑电路图如下：

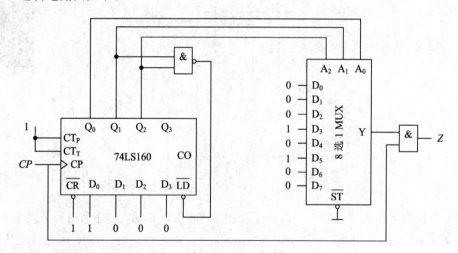

13. 逻辑电路图如下：

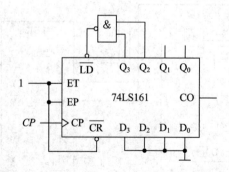

第七章　半导体存储器

一、选择题

1. D　2. D　3. C　4. C　5. C　6. C　7. A　8. D　9. B　10. A　11. D　12. C

13. A　14. ACD　15. A　16. D　17. C　18. B　19. C　20. D　21. A　22. C

23. A　24. A　25. A

二、判断题

1. √　2. √　3. √　4. √　5. ×　6. √　7. √　8. ×　9. √　10. √　11. ×

12. ×　13. ×　14. ×　15. √　16. ×　17. √　18. √　19. √　20. ×

三、填空题

1. 11；4

2. 14；4

3. SRAM；DRAM

4. 64

5. 13；8；16 KB

6. 16；8

7. 32；4

8. 读出；不会

9. 触发器；电容；刷新

10. 组合逻辑电路；时序逻辑电路

11. 3；2

12. 4096

13. 0；1

14. 1024；1024

15. ROM；RAM

16. 存储容量；存取速度

17. 地址译码器；存储矩阵；读/写控制

18. 字；位；字、位同时

19. MROM；PROM；EPROM；EEPROM

20. 32

四、简答题

1. 需要存储器总容量为 16K×8 位，故

(1) 需要 1K×4 位的 RAM 芯片为 32 片。

(2) 该存储器能存放 16K 字节的信息。

(3) 片选逻辑需要 4 位地址。

2. 因为只读存储器的容量为 32K×16。所以，

(1) 数据寄存器 16 位。

(2) 地址寄存器 15 位。

(3) 共需 8 个 EPROM 芯片。

3. 采用同一个地址存放的一组二进制数,称为"字"。字的位数为"字长"。习惯上用总的位数来表示存储器的总容量,一个具有 n 字、每字 m 位的存储器,其容量一般可表示为 $n \times m$ 位。

4. 8 根地址线;8 根数据线;其存储总容量为 256×8。

5. DRAM 的基本存储电路利用电容存储电荷的原理来保存信息,由于电容上的电荷会逐渐泄露,因此对 DRAM 必须定时进行刷新,使泄露的电荷得到补充。EPROM 存储器芯片在没有写入信息时,各个单元的内容是 1。

6. 该 RAM 集成芯片有 4096 个存储单元;地址线为 10 条;该 RAM 含有 1024 个字;其字长是 4 位;访问该 RAM 时,每次会选中 4 个存储单元。

7. 按存取方式分类,半导体存储器则可分为随机存取存储器(RAM)和只读存储器(ROM)两种形式。RAM 是能够通过指令随机地、个别地对其中各个单元进行读/写操作的一类存储器;ROM 是计算机系统的在线运行过程中,只能对其进行读操作,而不能进行写操作的一类存储器。RAM 和 ROM 都是由地址译码器、存储矩阵和读/写控制电路所组成的。

RAM 与 ROM 的根本区别在于:在正常工作状态下,ROM 只能读出不能写入,而 RAM 则既能读出又能写入。

8. 存储器容量＝字数×位数,当存储器的容量为 $256K \times 8$ 位时,可得字数为 $2^n = 256 \times 1024$,则地址线 $n = 18$ 位,数据线为 8 位;当存储器的容量为 $512M \times 8$ 位时,可得字数为 $2^n = 512 \times 1024 \times 1024$,其地址线 $n = 29$ 位。

★9. 用 $1K \times 1$ 位的 RAM 扩展成 $1K \times 4$ 位的存储器,需用 4 片如图所示的 RAM 芯片。接线图如下:

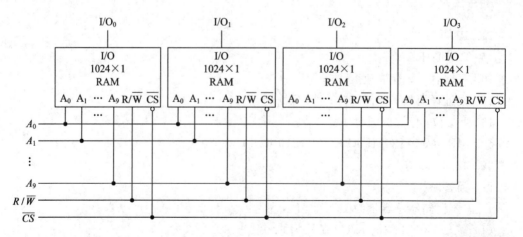

★10. 函数表达式为

$$Y_1 = \overline{A}\,\overline{B}C + \overline{A}B\overline{C} + A\overline{B}\,\overline{C} + ABC$$
$$Y_2 = BC + AB + AC$$

真值表(略)。

11. 函数表达式为

$$F_1 = m_1 + m_2 + m_4 + m_7 \qquad F2 = m_1 + m_2 + m_3 + m_7$$

真值表如下：

真值表

A	B	C	F_1	F_2
0	0	0	0	0
0	0	1	1	1
0	1	0	1	1
0	1	1	0	1
1	0	0	1	0
1	0	1	0	0
1	1	0	0	0
1	1	1	1	1

该电路逻辑功能为全减器。

第八章　可编程逻辑器件

一、选择题

1. B　2. C　3. B　4. A　5. B　6. C　7. B　8. A　9. C　10. B　11. D　12. A

二、填空题

1. 输出结构；可编程输入/输出结构；寄存器输出结构；异或输出结构

2. 可编程阵列逻辑

3. (1) 12；6；高电平 (2) 20；8；可编程极性输出 (3) 16；8；低电平

4. 3

5. 3；2；2

6. 设计输入；设计实现；编程；功能仿真；时序仿真；测试

三、简答题

1. ROM 只有或阵列，都可以编程，而与阵列不能编程；PAL 只有与阵列能编程，或阵列是固定的。

2. 先将逻辑函数式化简，再按照乘积和的方式在 PAL 中进行编程。

逻辑函数式中变量的数量必须小于 PAL 的输入端数，乘积项的数量必须小于或阵列中的或门的输入端数。

3. GAL 可以反复编程，PAL 则只能编程一次，另外 GAL 还增加了 OLMC。

GAL 由于增加了 OLMC，所以功能更加完善，可以实现更加复杂的逻辑电路。

4. 有专用输入模式、专用组合输出模式、复杂模式、组合输入/输出模式和寄存器输出模式等五种工作模式。

5. 从结构和工作原理上看，CPLD 可以看成是更加复杂的 GAL，它由多个 GAL 器件排列在一起并相互连接而成，其中每一个逻辑宏单元就是一个 GAL。

6. CPLD 主要由 LAB、I/O 控制块和 PIA 构成。

7. ISP 的含义是具有在系统内可编程功能。CPLD 的编程方式有多种，包括电路内测试器(ICT)编程方式、嵌入式处理器编程方式、MasterBlaster 下载电缆编程方式和 Byte-BlasterMV 下载电缆编程方式。在编程过程中，CPLD 被焊接在电路板上，程序数据通过以上编程方式，经过电路板上的编程接口写入 CPLD 之中。

8. FPGA 和 CPLD 主要是宏单元内部结构不同。FPGA 的宏单元内部主要是查找表结构，CPLD 则是与或阵列结构。

FPGA 主要由 LAB、EAB、IOE 和快迹互联网络构成。

9. 对 FLEX10K 系列 FPGA 的配置有两种方式可以选择，即主动方式和被动方式。在主动方式下，FPGA 和配置器会相互产生相应的控制和同步信号，当配置双方都准备好后，配置器开始向 FPGA 传送配置数据。在被动方式下，配置过程将由一个智能主机(例如为控制器)全权控制。智能主机从它的存储设备中提供配置数据。在进行被动配置时，人们可以在电路系统仍然在工作的时候，对 FPGA 进行重新配置，改变它的逻辑功能。FLEX10K 系列 FPGA 的配置方式，可以通过两个专用管脚 MSEL1 和 MSEL0 上的高、低电平来进行选择。

10. 需要用多片同样的芯片同时进行位扩展和字扩展。

第九章 脉冲单元电路

一、选择题

1. BC 2. B 3. C 4. B 5. B 6. D 7. C 8. B 9. C 10. D 11. D 12. C
13. D 14. B 15. C 16. D 17. 逻辑 18. A 19. (第 20. A 21. B 22. B 23. C
24. C

二、判断题

1. × 2. √ 3. √ 4. × 5. × 6. √ 7. × 8. √ 9. √ 10. √ 11. √
12. × 13. × 14. × 15. × 16. √ 17. × 18. √ 19. √ 20. ×

三、填空题

1. 回差；电压滞后；脉宽

2. 多谐振荡器；单稳态触发器；施密特触发器

3. 施密特；矩形；抗干扰；$\frac{1}{3}V_{CC}$

4. 2；上阈值电压；限阈值电压

5. 可重复触发；不可重复触发

6. (a) 二进制计数器 ；(b)施密特触发器；(c)单稳态触发器；(d)六进制计数器

7. $t_W = 1.1RC$

8. 触发器的频率相同；RC

9. $T = 0.7(R_1 + R_2)$；$t_W = 0.7(R_1 + R_2)C$

10. V_{CC}；低电平

四、分析计算题

1. 输出波形图如下：

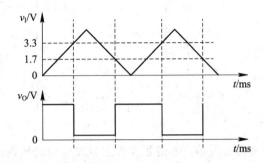

2. (1) 由集成定时器 555 构成的电路是单稳态触发器。

(2) v_1、v_O 波形图如下所示。输出脉冲宽度可由下式求得：

$$t_W = 1.1RC = 100 \times 10^3 \times 3.3 \times 10^{-6} \times 1.1 = 363 \text{ (ms)}$$

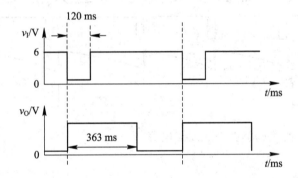

3. (1) 构成多谐振荡器。

(2) 参数计算：

$$T = T_1 + T_2 = 0.7(R_1 + 2R_2)$$
$$= (100 \times 10^3 + 2 \times 6.2 \times 10^3) \times 10 \times 10^{-6} \times 0.7 = 78.7 \text{ (ms)}$$

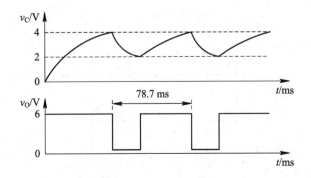

4．(1) 由 555 定时器组成的施密特触发器电路接线图如图(a)所示。

(2) 图(a)所示施密特触发器的电压传输特性如图(b)所示。

(3) 与输入电压 v_I 对应的输出电压 v_O 的波形如图(c)所示。

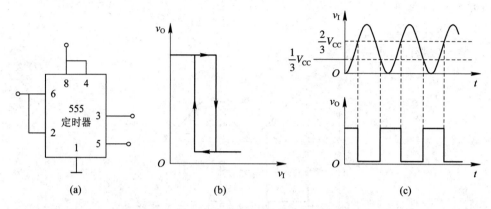

(a)　　　　　　　　(b)　　　　　　　　(c)

5．(1) 电路 I 为施密特触发器，电路 II 为可重触发单稳态触发器。

(2) 波形图如下：

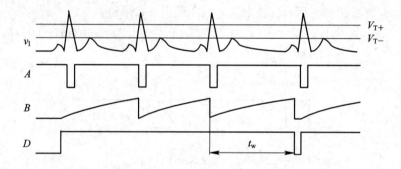

6．(1) 555 定时器接成单稳态触发器电路。

(2) $t = 1.1RC = 10$ s。

7．施密特触发器。

$$V_{T+} = \frac{2}{3}V_{CC}, \ V_{T-} = \frac{1}{3}V_{CC}, \ \Delta V_T = \frac{1}{3}V_{CC}$$

输出波形如下图所示。

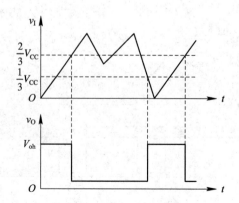

8.（1）多谐振荡器。

（2）当细铜丝不断时，555 定时器的 $\overline{R}_D$ 置成低电平，使 Q 输出始终为低电平，扬声器不响；当细铜丝碰断时，555 定时器的 $\overline{R}_D$ 置成高电平，Q 输出方波信号，扬声器发出报警声。

★9.（1）计数器的状态转换图为：

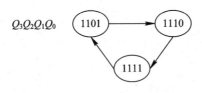

为三进制计数器。

（2）$t_W = 0.7R_{ext}C_{ext} = 0.7 \times 50 \times 10^3 \times 0.02 \times 10^{-6} = 0.7 \text{ ms}$

（3）波形图如下：

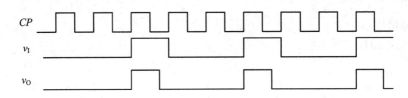

★10.（1）T 管截止时才能起振，因此 $AB=11$ 或 $C=1$ 时即可起振。

（2）波形图如下：

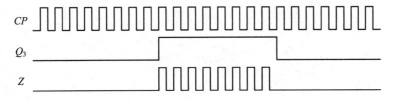

$T = 0.7C(R_1 + 2R_2)$

（3）$C = \dfrac{T}{0.7(R_1 + 2R_2)} = \dfrac{10^3}{640 \times 0.7 \times (1+20)} \mu F \approx 0.1 \ \mu F$

11.（1）555 定时器构成施密特触发器。

（2）由已知可求：$V_{T+} = 4 \text{ V}$，$V_{T-} = 2 \text{ V}$。v_O 的波形图如下：

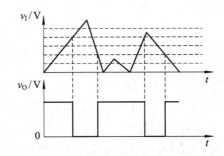

第十章　模数转换和数模转换

一、选择题

1. D　2. C　3. B　4. B　5. C　6. AC　7. D　8. B　9. B　10. A　11. B　12. A　13. C　14. B　15. B

二、判断题

1. ×　2. ×　3. √　4. √　5. √　6. √　7. ×　8. √　9. √　10. √　11. √　12. ×　13. ×　14. √

三、填空题

1. 取样；保持；量化；编码

2. 模拟信号；数字信号

3. 8

4. 2^n

5. 双积分型；逐次逼近

6. 转换精度

7. $f_s \geqslant 16$ kHz

8. 10

9. 8

10. $\Delta = V_{\mathrm{LSB}} = \dfrac{10}{2^3} = \dfrac{10}{8} = 1.25$ V

四、计算题

1. 根据已知条件 $R_5 = \dfrac{R}{2^{n-1}} = \dfrac{R}{2^{6-1}} = 10$ kΩ，可得出 $R = 2^5 \times 10$ kΩ

$$R_4 = \frac{R}{2^{n-2}} = \frac{2^5 \times 10}{2^4}\mathrm{k\Omega} = 20 \ \mathrm{k\Omega}$$

$$R_3 = 40 \ \mathrm{k\Omega}, \ R_2 = 80 \ \mathrm{k\Omega}, \ R_1 = 160 \ \mathrm{k\Omega}, \ R_0 = R = 320 \ \mathrm{k\Omega}。$$

2. （1）$v_O = -\dfrac{V_{\mathrm{REF}} R_f}{R}(d_{n-1}2^{n-1} + d_{n-2}2^{n-2} + \cdots + d_1 2^1 + d_0 2^0)$

（2）十六进制数 $(20)_H = (00100000)_2$

$$v_O = -\frac{10 R_f}{(2^8 R_f)}(d_{8-3}2^{8-3}) = -\frac{10}{2^8} \times 1 \times 2^5 = -1.25 \ \mathrm{V}$$

3. $v_O = -\dfrac{V_{\mathrm{REF}}}{2^n}D_n$（二进制数）

对应的十进制数：$\dfrac{v_O}{-\dfrac{V_{\mathrm{REF}}}{2^n}} = \dfrac{4}{\dfrac{5}{1024}} = 819.2 \approx 819$

将 819 转换为二进制数：$819 = (1100110011)_2$

要获得 20 V 的输出电压，只能提高基准电压。增加转换器位数只能提高精度和分辨率，且 v_O 最大只能接近 V_{REF} 值，不可能超过 V_{REF} 值。

4. $d_9 = d_7 = 1$，其余位为 0 所对应的数为 $1010000000 = 512 + 128 = 640$

所以 $V_{REF} = -\dfrac{2^n v_O}{D} = \dfrac{2^{10} \times 3.125}{640} = -5$ V

5. 由分辨率公式 $\dfrac{V_{LSB}}{V_{FSR}} = \dfrac{1}{2^n - 1}$ 得出 $2^n = \dfrac{V_{FSR}}{V_{LSB}} + 1 = 2001 \to n = 11$

6. 由 $\dfrac{V_{LSB}}{V_{FSR}} = \dfrac{1}{2^n - 1}$ 得出 $V_{LSB} = \dfrac{V_{FSR}}{2^n - 1} = \dfrac{5}{2^{10} - 1} = 4.89$ mV

分辨率为 $\dfrac{V_{LSB}}{V_{FSR}} = \dfrac{1}{2^n - 1} = \dfrac{1}{2^{10} - 1} = \dfrac{1}{1023} = 0.000\,98 = 0.098\%$

7. $1\,\mu s \to$ 并联比较型 A/D 转换器；$100\mu s \to$ 逐次渐进型 A/D 转换器；

0.1 s $\to$ 间接 A/D 转换器（如双积分型）。

8. $\dfrac{5.1V}{5mV} = \dfrac{5.1}{5 \times 10^{-3}} = 1020 < 2^{10} \quad \to \quad n = 10$ 位

9. 根据取样定理可得取样周期为

$T_s = \dfrac{1}{2 f_{i(max)}} = \dfrac{1}{2 \times 100 \times 10^3} = 5\,\mu s$ 故可以选择逐次渐进型 A/D 转换器。

最小取样频率为

$$f_s = \dfrac{1}{T_s} = 200 \text{ kHz}$$

★10. 由逐次渐近型 A/D 转换器的工作过程可知，v_1 与 8 位 D/A 转换器输出比较，D/A 转换器决定了输出的数字量，所以，实质是通过对 D/A 转换器的计算确定输出数字量的。由 D/A 转换器可知 $v_O = -\dfrac{V_{REF}}{2^n} D_n$。

当 D/A 转换器的 $v_O = v_1$ 时，所对应的数字量

$$D_n = \left| \dfrac{2^n v_I}{V_{REF}} \right| = \left| \dfrac{2^8 \times 4.22}{5} \right| \approx 216$$

通过将十进制转换成二进制可得

$$d_7 d_6 d_5 d_4 d_3 d_2 d_1 d_0 = 11011000$$

如果换为 10 位 D/A 转换器，则

$$D_n = \left| \dfrac{2^n v_I}{V_{REF}} \right| = \left| \dfrac{2^{10} \times 4.22}{5} \right| \approx 864$$

通过将十进制转换成二进制得

$$d_9 d_8 d_7 d_6 d_5 d_4 d_3 d_2 d_1 d_0 = 1101100000$$

(1) 只舍不入时，

八位情况：$\Delta = \dfrac{V_{REF}}{2^n} = \dfrac{V_{REF}}{2^8} = \dfrac{5}{256} \approx 0.02$ V $\to |\varepsilon_{max}| = \Delta$

十位情况：$\Delta = \dfrac{V_{REF}}{2^n} = \dfrac{V_{REF}}{2^{10}} = \dfrac{5}{1024} \approx 0.0049$ V $\to |\varepsilon_{max}| = \Delta$

(2) 四舍五入时，

八位情况：$\Delta = \dfrac{2V_{REF}}{2^{n+1} - 1} = \dfrac{2V_{REF}}{2^9 - 1} = \dfrac{2 \times 5}{511} \approx 0.02$ V $\to |\varepsilon_{max}| = \dfrac{1}{2}\Delta \approx 0.01$ V

十位情况：$\Delta = \dfrac{2V_{REF}}{2^{n+1} - 1} = \dfrac{2V_{REF}}{2^{11} - 1} = \dfrac{2 \times 5}{2047} \approx 0.0049$ V $\to |\varepsilon_{max}| \approx 0.002\,45$ V

★11. (1) $v_O = -\dfrac{V_{REF}}{2^n} \sum\limits_{i=0}^{n-1} D_i \times 2^i$

(2) $v_O = \dfrac{10}{256} \times 32 = 1.25$ V

12. $v_O = -\dfrac{V_{REF}}{2^{10}} \sum\limits_{i=0}^{9} D_i \times 2^i$

(1) 输出电压范围为 $0 \sim -\dfrac{2^{10}-1}{2^{10}} V_{REF}$

(2) $V_{REF} = \dfrac{1024}{512} \times 5$ V $= -10$ V

13. 4 位 D/A 转换器的最大输出电压：$v_O = \dfrac{5}{16} \times 15 = 4.6875$ V

8 位 D/A 转换器的最大输出电压：$v_O = \dfrac{5}{256} \times 255 = 4.98$ V

由此可见，最大输出电压随位数的增加而增大，但增大的幅度并不大。

14. 4 位 D/A 转换器的最小输出电压：$v_O = \dfrac{5}{16} \times 1 = 0.625$ V

8 位 D/A 转换器的最小输出电压：$v_O = \dfrac{5}{256} \times 1 = 0.0195$ V

由此可见，最小输出电压随位数的增加而减小。

★15. (1) 线性区。

(2) 倒 T 形电阻网络。

(3) $v_O = -\dfrac{V_{REF}}{2^n} \sum\limits_{i=0}^{n-1} (D_i \cdot 2^i)$

$= \dfrac{-8}{2^5}(2^4 + 2^1 + 2^0) = -4.75$ V

模拟测试题(一)

一、填空题

1. 编码器；6

2. 2^n

3. 1

4. 置 0；置 1；$Q^{n+1} = D$

5. $AB + C$

6. 一次翻转

7. 最大项相与

8. 译码

9. 单；多

10. 01110001

11. $F^* = A\overline{B} + \overline{A}B$

二、单项选择题

1. D 2. B 3. D 4. B 5. D 6. D 7. D 8. A 9. D 10. D

11. A 12. B 13. D 14. C 15. D

三、简答题

1.

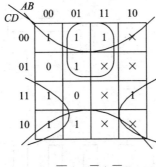

$$F = \overline{D} + B\overline{C} + \overline{B}C$$

2. 函数 F 的最小项表达式：

$$F = m_1 + m_4 + m_5$$

或

$$F = \overline{A}\,\overline{B}C + A\overline{B}\,\overline{C} + A\overline{B}C$$

函数 F 的最大项表达式：

$$F = M_0 \cdot M_2 \cdot M_3 \cdot M_6 \cdot M_7$$

或

$$F = (A+B+C)(A+\overline{B}+C)(A+\overline{B}+\overline{C})(\overline{A}+\overline{B}+C)(\overline{A}+\overline{B}+\overline{C})$$

3. (a) 图的逻辑函数表达式为

$$F = AB \oplus (C+D) = \overline{AB}(C+D) + AB\overline{C+D}$$

$$= (\overline{A}+\overline{B})(C+D) + AB\overline{C}\,\overline{D}$$

$$= \overline{A}C + \overline{B}C + \overline{A}D + \overline{B}D + AB\overline{C}\,\overline{D}$$

(b) 图的逻辑函数表达式为

$$F = (A+B)(\overline{B}+C)$$

$$= A\overline{B} + AC + BC$$

$$= A\overline{B} + BC$$

四、分析设计题

1. $Y_1 = AC = m_5 + m_7 = \overline{\overline{m_5}\,\overline{m_7}} = \overline{\overline{Y_5}\,\overline{Y_7}}$

$Y_2 = \overline{A}\,\overline{B}C + A\overline{B}\,\overline{C} + BC = m_1 + m_4 + m_7 + m_3 = \overline{\overline{m_1}\,\overline{m_3}\,\overline{m_4}\,\overline{m_7}} = \overline{\overline{Y_1}\,\overline{Y_3}\,\overline{Y_4}\,\overline{Y_7}}$

$Y_3 = \overline{B}\,\overline{C} + AB\overline{C} = m_0 + m_4 + m_6 = \overline{\overline{m_0}\,\overline{m_4}\,\overline{m_6}} = \overline{\overline{Y_0}\,\overline{Y_4}\,\overline{Y_6}}$

逻辑电路图如下:

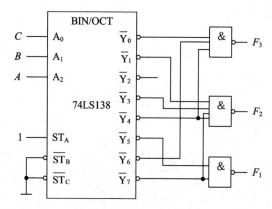

2. $Q^{n+1} = J\overline{Q}^n + \overline{K}Q^n = \overline{Q}^n$

$Q_A = \overline{Q^{n+1} \cdot CP}$,　　$Q_B = \overline{\overline{Q^{n+1}} \cdot CP}$

波形图如下:

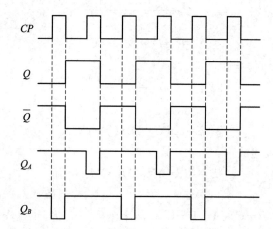

3. 根据题目要求写出逻辑功能真值表如下:

A	B	C	F
0	0	0	0
0	0	1	1
0	1	0	1
0	1	1	1
1	0	0	0
1	0	1	1
1	1	0	0
1	1	1	1

根据真值表写出逻辑函数表达式并化简变换：

$$F = \overline{A}\,\overline{B}C + \overline{A}B\overline{C} + \overline{A}BC + A\overline{B}C + ABC = C + \overline{A}B = \overline{\overline{C} \cdot \overline{\overline{A}B}}$$

根据上述最简式画出相应逻辑电路图如下：

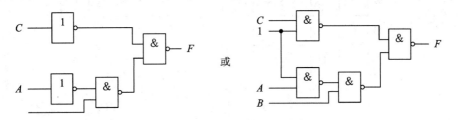

4.（1）$A = 0$ 时，数据选择器 1 工作，数据选择器 2 禁止，

　　　$2W = 0$，$F = 1W = B\overline{C}D + \overline{B}C\overline{D} + BC$；

$A = 1$ 时，数据选择器 2 工作，数据选择器 1 禁止，$1W = 0$，

　　　$F = 2W = \overline{B}\,\overline{C}\,\overline{D} + \overline{B}C + B\,\overline{C}\,\overline{D} + BC$。

所以，

$$F = \overline{A}(B\overline{C}D + \overline{B}C\overline{D} + BC) + A(\overline{B}\,\overline{C}\,\overline{D} + \overline{B}C + B\,\overline{C}\,\overline{D} + BC)$$
$$= \sum m(2,\,5,\,6,\,7,\,8,\,10,\,11,\,12,\,14,\,15)$$

（2）降维卡诺图如下：

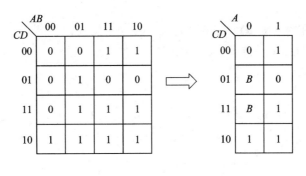

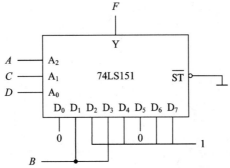

或

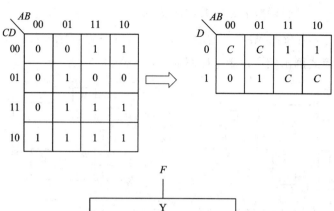

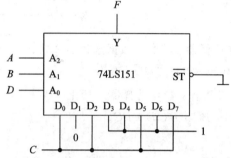

模拟测试题(二)

一、选择题

1. C　2. B　3. B　4. D　5. C　6. A　7. A　8. D
9. C　10. C　11. C　12. B　13. B　14. D　15. A

二、分析计算题

1.

$$F_1(A, B, C) = \overline{A}B\overline{C} + \overline{A}BC + A\overline{B}\,\overline{C} + A\overline{B}C + ABC$$

$$F_2(A, B, C) = \overline{A}\,\overline{B}\,\overline{C} + \overline{A}\,\overline{B}C + \overline{A}BC + AB\overline{C} + ABC$$

或

$$F_1(A, B, C) = \sum m(2, 3, 4, 5, 7)$$

$$F_2(A, B, C) = \sum m(0, 1, 3, 6, 7)$$

2.

$$F_1 = \overline{\overline{A+B} \oplus 1} = A+B$$

$$F_2 = \overline{C}$$

$$F_3 = AC + B\overline{C}$$

3.

(1) 单稳态触发器

(2) v_I、v_O波形如下图所示。输出脉冲宽度由下式求得:

$$t_w = 1.1RC = 100 \times 10^3 \times 3.3 \times 10^{-6} \times 1.1 = 363(\mathrm{ms})$$

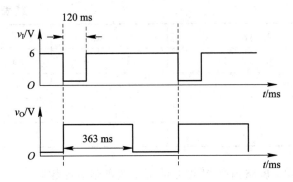

4.（1）卡诺图如下：

CD\AB	00	01	11	10
00	0	0	1	1
01	1	0	0	0
11	1	0	0	0
10	0	1	1	0

最简与或表达式为

$$F = \overline{A}\,\overline{B}D + A\overline{C}\,\overline{D} + BC\overline{D}$$

（2）三维降维卡诺图如下：

C\AB	00	01	11	10
0	D	0	$\overline{D}$	$\overline{D}$
1	D	$\overline{D}$	$\overline{D}$	0

5.

（1）驱动方程：

$$J_0 = K_0 = 1$$

$$J_1 = K_1 = X \oplus Q_0^n$$

（2）状态方程：$Q_0^{n+1} = J_0\overline{Q_0^n} + \overline{K_0}Q_0^n = \overline{Q_0^n}$

$$Q_1^{n+1} = J_1\overline{Q_1^n} + \overline{K_1}Q_1^n = (Q_0^n \oplus X)\overline{Q_1^n} + \overline{(Q_0^n \oplus X)}Q_1^n$$

（3）输出方程：$Y = Q_1^n Q_0^n$

（4）状态表如下：

X	Q_1^n	Q_0^n	Q_1^{n+1}	Q_0^{n+1}	Y
0	0	0	0	1	0
0	0	1	1	0	0
0	1	0	1	1	0
0	1	1	0	0	1

X Q_1^n Q_0^n	Q_1^{n+1} Q_0^{n+1}	Y
1 0 0	1 1	0
1 0 1	0 0	0
1 1 0	0 1	0
1 1 1	1 0	1

(5) 从状态表可得,电路为受 X 控制的可逆四进制值计数器。

6. (1) 该电路为倒 T 形电阻网络 DAC(D/A 转换器)。

(2)

$$v_O = -\frac{V_{REF}}{2^4}(2^3 d_3 + 2^2 d_2 + 2^1 d_1 + 2^0 d_0) = -\frac{5}{2^4} \times (2^3 \times 1 + 2^2 \times 1 + 2^1 \times 0 + 2^0 \times 1)$$

$$= -4.0625(V)$$

7. 这是采用整体置数法接成的计数器。

在出现 $\overline{LD} = 0$ 信号以前,两片 74LS161 均按十六进制计数。即第(1) 片到第(2) 片为十六进制。当第(1) 片计为 3、第(2) 片计为 2 时,产生 $\overline{LD} = 0$ 信号,待下一个 CP 信号达到后,两片 74LS161 同时被置 0,总的进制为

$$2 \times 16 + 3 + 1 = 36$$

故为三十六进制计数器。

三、设计题

1.

真 值 表

X_3	X_2	X_1	X_0	Y
0	0	0	0	0
0	0	0	1	0
0	0	1	0	0
0	0	1	1	1
0	1	0	0	1
0	1	0	1	1
0	1	1	0	1
0	1	1	1	1
1	0	0	0	1
1	0	0	1	0

由真值表写出函数表达式为

$$F = \overline{X_3}\,\overline{X_2}\,X_1\,X_0 + \overline{X_3}\,X_2\,\overline{X_1}\,\overline{X_0} + \overline{X_3}\,X_2\,\overline{X_1}\,X_0 + \overline{X_3}\,X_2\,X_1\,\overline{X_0} + \overline{X_3}\,X_2\,X_1\,X_0 +$$

$$X_3\,\overline{X_2}\,\overline{X_1}\,\overline{X_0}$$

化简为最简与非式为

$$F = X_2 + X_1\,X_0 + X_3\,\overline{X_0} = \overline{\overline{X_2} \cdot \overline{X_1\,X_0} \cdot \overline{X_3\,\overline{X_0}}}$$

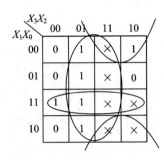

电路图如下:

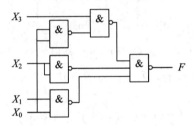

2. 依题意,列真值表如下:

X_2	X_1	X_0	Y_2	Y_1	Y_0
0	0	0	0	0	1
0	0	1	0	0	1
0	1	0	1	0	0
0	1	1	1	0	1
1	0	0	1	1	0
1	0	1	1	1	1
1	1	0	0	0	0
1	1	1	0	0	0

由真值表写出 Y 的最小项表达式:

$$Y_2 = m_2 + m_3 + m_4 + m_5 = \overline{\overline{m_2}\,\overline{m_3}\,\overline{m_4}\,\overline{m_5}} = \overline{\overline{Y_2}\,\overline{Y_3}\,\overline{Y_4}\,\overline{Y_5}}$$

$$Y_1 = m_4 + m_5 = \overline{\overline{m_4}\,\overline{m_5}} = \overline{\overline{Y_4}\,\overline{Y_5}}$$

$$Y_0 = m_0 + m_1 + m_3 + m_5 = \overline{\overline{m_0}\,\overline{m_1}\,\overline{m_3}\,\overline{m_5}} = \overline{\overline{Y_0}\,\overline{Y_1}\,\overline{Y_3}\,\overline{Y_5}}$$

实现功能的电路图如下：

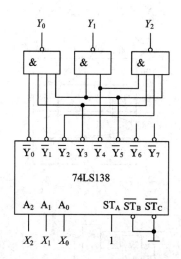

3. 分析时序图可知，输出 Z 是周期为 6 个时钟脉冲的序列信号。

(1) 用 74LS161 构成 6 计数器，采用同步置 0 法，状态转移图如下。

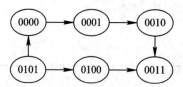

(2) 实现时序功能，列真值表如下：

Q_2	Q_1	Q_0	Z
0	0	0	0
0	0	1	1
0	1	0	1
0	1	1	0
1	0	0	CP
1	0	1	0

(3) 用 74LS151 实现真值表功能。

设 $A_2 A_1 A_0 = Q_2 Q_1 Q_0$，给 74LS151 的 $D_0 \sim D_5$ 分别赋值 0、1、1、0、CP、0，连线如下图。

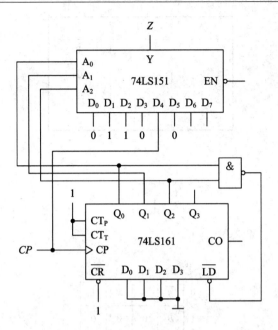

模拟测试题（三）

一、选择题

1. C　2. A　3. B　4. D　5. A　6. A　7. D　8. D　9. D　10. C

二、填空题

1. 12；00010010；00010101

2. 001100010010

3. 置 1；置 0；$Q^{n+1}=D$；翻转

4. $A\overline{B}(C+\overline{D})$；$\overline{A}B(\overline{C}+D)$

5. B

三、简答题

1.

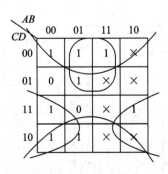

$$F=\overline{D}+B\overline{C}+\overline{B}C$$

2. 通过真值表分析该波形图可实现或非逻辑。

A	B	Y
0	0	1
0	1	0
1	0	0
1	1	0

逻辑符号：

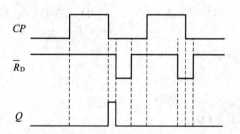

3.

D\AC	00	01	11	10
0	$\overline{B}$	1	B	1
1	B	0	0	0

4. 电路输出表达式为

$$F = \overline{A}(B+C)$$

即 $A=1$ 时，$F=0$；$A=0$ 时，$F=B+C$。

5. Q 的波形图如下：

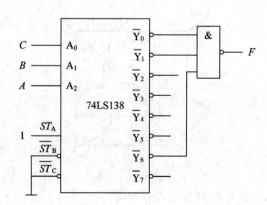

四、综合分析题

1. (1) $F = \overline{A}\,\overline{B} + AB\overline{C} = m_0 + m_1 + m_6 = \overline{\overline{m_0}\ \overline{m_1}\ \overline{m_6}} = \overline{\overline{Y_0}\ \overline{Y_1}\ \overline{Y_6}}$

(2) 逻辑电路图如下：

2. 填写完整的状态表如下：

七段显示译码器状态表

输　入				输　出							显示数码
Q_3	Q_2	Q_1	Q_0	a	b	c	d	e	f	g	
0	0	0	0	1	1	1	1	1	1	0	0
0	0	0	1	0	1	1	0	0	0	0	1
0	0	1	0	1	1	0	1	1	0	1	2
0	0	1	1	1	1	1	1	0	0	1	3
0	1	0	0	0	1	1	0	0	1	1	4
0	1	0	1	1	0	1	1	0	1	1	5
0	1	1	0	1	0	1	1	1	1	1	6
0	1	1	1	1	1	1	0	0	0	0	7
1	0	0	0	1	1	1	1	1	1	1	8
1	0	0	1	1	1	1	1	0	1	1	9

a 点亮时的输入函数逻辑卡诺图如下：

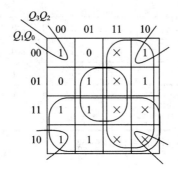

函数逻辑表达式为：

$$F_a = Q_3 + Q_1 + \overline{Q_2}\,\overline{Q_0} + Q_2 Q_0$$

3. （1）555 定时器组成的是多谐振荡器。

$$f = \frac{1}{T} \approx \frac{1.43}{(R_1 + 2R_2)C} \approx 4.8\ \text{kHz}$$

（2）MN＝00 时，为八进制，0000—1000；

MN＝01 时，为九进制，0000—1001；

MN＝10 时，为十四进制，0000—1110；

MN＝11 时，为十五进制，0000—1111。

4. （1）输出函数的真值表如下：

A_1	A_0	F
0	0	0
0	1	$\overline{Q_1}$
1	0	1
1	1	Q_1

74LS161 的状态转移真值表如下：

$(Q_3$	Q_2	Q_1	$Q_0)^n$		$(Q_3$	Q_2	Q_1	$Q_0)^{n+1}$	F
0	0	0	0		0	0	0	1	0
0	0	0	1		0	0	1	0	0
0	0	1	0		0	0	1	1	0
0	0	1	1		0	1	0	0	0
0	1	0	0		0	1	0	1	1
0	1	0	1		0	1	1	0	1
0	1	1	0		0	1	1	1	0
0	1	1	1		1	0	0	0	0
1	0	0	0		1	0	0	1	1
1	0	0	1		1	0	1	0	0
1	0	1	0		1	0	1	1	0
1	0	1	1		1	1	0	0	1
1	1	0	0		1	1	0	1	0
1	1	0	1		1	1	1	0	0
1	1	1	0		1	1	1	1	1
1	1	1	1		0	1	0	1	1

(2) 该电路是 10011110011 序列信号产生器。

模拟测试题(四)

一、单项选择题

1. B　2. C　3. D　4. C　5. D　6. B　7. B　8. B　9. C　10. C　11. B　12. D
13. C　14. B　15. D　16. B

二、填空题

1. $(A.C)_{16}$

2. $(001101100010)_{8421BCD}$

3. n

4. 输入

三、简答题

1. $F = AD + \overline{A}\,\overline{D} + BC\overline{D}$

2. 4 个，分别是 $a\overline{b}\,\overline{c}d$、$abcd$、$\overline{a}\,\overline{b}cd$、$a\overline{b}c\overline{d}$。

3. $F(A, B, C, D) = \overline{A}\,\overline{B}D + \overline{A}BC + A\overline{B}D + ABC$

$$= \sum m(1, 3, 6, 7, 9, 11, 14, 15) \quad F = \overline{B}D + BC$$

4. 根据逻辑要求列真值表如下所示。

A	B	C	F	G
0	0	0	0	0
0	0	1	0	1
0	1	0	0	1
0	1	1	0	1
1	0	0	0	0
1	0	1	1	0
1	1	0	1	0
1	1	1	1	0

四、分析设计题

1. $Y = A\overline{B} + \overline{A}B = A \oplus B$

A	B	F
0	0	0
0	1	1
1	0	1
1	1	0

逻辑功能：输入相同、输出为"0"，输入相异、输出为"1"，称为"异或"逻辑关系。这种电路称为"异或"门。

2. 依题意：操作员应为电路的输入，令 A、B、C 分别代表 3 名操作员，"1"表示同意，"0"表示不同意。导弹发射为电路的输出，设为 F，"1"表示发射，"0"表示不发射。列出真值表如下：

AB / C	00	01	11	10
0	0	0	1	0
1	0	1	1	1

A	B	C	F
0	0	0	0
0	0	1	0
0	1	0	0
0	1	1	1
1	0	0	0
1	0	1	1
1	1	0	1
1	1	1	1

求得最简表达式为：

与或式：$F = AB + AC + BC$

或与式：$F = (A+B)(A+C)(B+C)$

3.

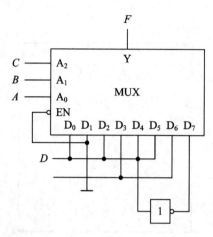

4. $F_1 = A\overline{B} + \overline{B}C + AC = m_1 + m_4 + m_5 + m_7$

$\quad = \overline{\overline{m_1} \cdot \overline{m_4} \cdot \overline{m_5} \cdot \overline{m_7}} = \overline{\overline{Y_1} \cdot \overline{Y_4} \cdot \overline{Y_5} \cdot \overline{Y_7}}$

$F_2 = \overline{A}\,\overline{B} + B\overline{C} + ABC = m_0 + m_1 + m_2 + m_6 + m_7$

$\quad = \overline{\overline{m_0} \cdot \overline{m_1} \cdot \overline{m_2} \cdot \overline{m_6} \cdot \overline{m_7}} = \overline{\overline{Y_0} \cdot \overline{Y_1} \cdot \overline{Y_2} \cdot \overline{Y_6} \cdot \overline{Y_7}}$

$F_3 = \overline{A}C + BC + A\overline{C} = m_1 + m_3 + m_4 + m_6 + m_7$

$\quad = \overline{\overline{m_1} \cdot \overline{m_3} \cdot \overline{m_4} \cdot \overline{m_6} \cdot \overline{m_7}} = \overline{\overline{Y_1} \cdot \overline{Y_3} \cdot \overline{Y_4} \cdot \overline{Y_6} \cdot \overline{Y_7}}$

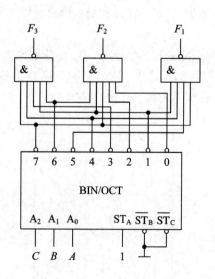

5. 真值表如下:

真值表

Q_3	Q_2	Q_1	Q_0	Z
1	0	0	1	0
1	0	1	0	1
1	0	1	1	1
1	1	0	0	0
1	1	0	1	1
1	1	1	0	0
1	1	1	1	0
0	0	0	0	1

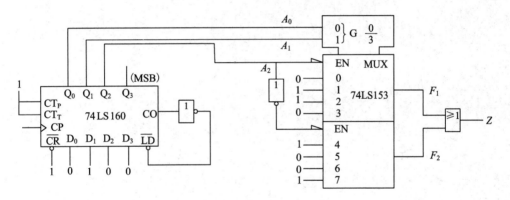

6. (1) 555 定时器组成电路的是多谐振荡器。

$$f = \frac{1}{T} \approx \frac{1.43}{(R_1 + 2R_2)C} \approx 4.8 \text{ kHz}$$

波形图如下:

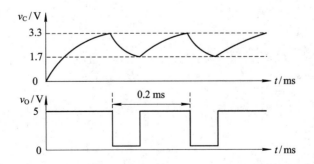

(2) 74LS161 组成了模五计数器电路。其状态图如下：

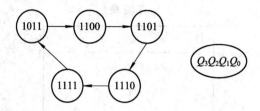

L 的最小项表达式：

$$L = \overline{A}_2 A_1 A_0 + A_2 \overline{A}_1 A_0 + A_2 A_1 \overline{A}_0$$
$$= m_3 + m_5 + m_6$$